書山有路勤為徑

學海無崖苦作舟

文經閣

書山有路勤為徑

學海無崖苦作舟

文經閣

銷售攻心術

Sales Of Attack Technique

銷售就是一場心理學戰爭

王擁軍◎著

銷售是比總統更偉大的職業，
銷售工作無處不在，
包括商業活動、企業經營的各個環節。
在**銷售為王的時代，**
銷售人員扮演著商業工程師的角色，
其工作**左右著資金流向、決定著企業的成敗，**
也影響著千千萬萬人的生活。

目 contents 錄

目 contents 錄

第六章　撫心術——用最好的售後服務成就永久的生意　191

目 contents 錄

銷售攻心術
無往不利

序言：銷售，攻心為上

您是否經常面對客戶的拒絕，心生恐懼，不知如何應對？

您是否還在滔滔不絕地講產品，但客戶仍然對你說NO？

您是否遇到自以為勝券在握時，出現客戶突然跑到競爭對手那裡或消失得無影無蹤的情況？

您是否想在自己還年輕的時候，就能賺到年收入過百萬，成功致富？

您是否想只要把話說出去，就能把商品賣出去，迅速完成您與顧客的交易呢？

如果想突破銷售困境、提升銷售業績、成為銷售達人，就請認真研習一下「銷售攻心術」這門技術吧！一名優秀的銷售人員不僅要對產品瞭解透徹，還要運用相當的銷售技巧獲取客戶的認同和信任，以此達到絕對成交的目標。為此，銷售人員要在知己知彼的基礎上諳熟客戶心理、制定銷售策略、巧用攻心戰術，從而贏得超級大單。

銷售是比總統更偉大的職業，銷售工作無處不在，包括商業活動、企業經營的各個環節。在銷售為王的時代，銷售人員扮演著商業工程師的角色，其工作左右著資金流向、成交數額，決定著企業的成敗，也影響著千千萬萬普通人的生活。出色地勝任銷售工作，甚至有所成就，必須與客戶展開一場心理博弈。

問題是，許多銷售人員在實踐中忽略了銷售心理這一重要環節。從事銷售的人不懂心理學，不會攻心術，就猶如在茫茫的黑夜裡行走，永遠只能誤打誤撞。或者說，業績乏善可陳的根本原因就是沒有打開客戶的心門、消除他們的疑慮、卸下他們的心防。銷售用嘴不如用心，「攻心術」就是銷售員在激烈的市場競爭中提升銷售業績的決勝秘笈。

具體來說，銷售攻心戰的關鍵是察言、觀色、讀心。然後，在洞察客戶心理、瞭解客戶喜好的基礎上引導客戶的消費行為，激發其潛在的購買欲望。遇到難纏的場面，還要利用心理戰術，掌握並引導客戶心理，化解銷售難題！

本書從吸心術、籠心術、誘心術、禦心術、鬥心術、撫心術這六個方面，呈現了銷售中最實用、最有效、最核心的心理策略。內容設計上不僅以心理學知識作為理論基礎，還彙集了大量相關的銷售實戰案例。運用本書中介紹的心理策略，可以輕鬆掌握客戶的性格類型、洞察客戶的心理需求、抓住客戶的理弱、突破客戶的心理防線、解除客戶的心理包袱、贏得客戶的心理認同。

狹路相逢，勇者勝。前提是，銷售人員必須掌握正確的銷售理念、銷售策略和銷售技巧。本書教你輕鬆掌控並應對客戶的各種心理變化，以心攻心、見招拆招。做銷售的本事，是您一生當中一定要學的最重要的一種能力！一旦掌握了銷售攻心術這門技術，你將受用一輩子，在事業、人生等各個層面創造無限的財富。

銷售攻心術

——擒賊擒王，成交的關鍵是用心理戰術降服客戶

銷售是一門藝術，因為它將人與人之間的相處之道通通融入了銷售的過程當中。與人打交道，要瞭解對方想要的是什麼；與顧客打交道，更要學會洞悉對方的想法和需求。只有精確把握顧客的消費心理，並運用適當的心理戰術，急客戶之所急，想顧客之所想，才能達到「降服」顧客、促成交易的目的。

任何事情，都離不開「交易」二字，銷售工作更是一場銷售員與客戶之間心與心、利與利的互動和博弈。銷售，不只是銷售員與客戶之間進行商品與金錢等價交換那麼簡單，它更需要對心理學的掌握與利用。銷售員要想提高業績，就必須掌握心理攻防的技巧，從而完成「攻其心，降其人」的銷售戰略。

第一章

吸心術——練就強大氣場，把排斥力變成吸引力

眾所周知，銷售人員是商品與顧客之間的紐帶。擁有強大氣場的銷售人員，可以緊緊地抓住顧客的眼光，左右著交易的成功。做一個有魅力的銷售人員，擁有和藹親切的微笑，優雅風趣的談吐，專業周到的態度，會讓你贏得顧客的信任，旗開得勝。

1．留下良好的第一印象

國外銷售人員大都很殷勤，視推銷是一種才華、一種藝術，而國內的銷售人員則很少這樣，因此他們推銷產品和推銷自己的方式都不是很恰當。銷售人員留給客戶的第一印象是最為深刻的，甚至影響到推銷活動的最終成敗。你若想學會推銷商品，就更要學會推銷自己，並深入瞭解第一印象的形成和作用。

我們所說的第一印象，主要指人們初次見面時，一方對另一方的表情、言語、姿態、身材、年齡以及服飾等方面產生的印象。無論是社交聚會，還是拜訪客戶，你留給人的第一印象往往會成為人們對你的基本印象，它像一種「光環」籠罩在你的身上，影響他人對你以後一連串行為的評價。

那麼，與客戶交流時，銷售人員如何讓對方留下好的第一印象呢？

首先客戶的門一開，你要神態自若地走進去，保持一副強健有力、正面積極而給人好感的形象，在你和客戶彼此伸手相握時，請注意要緊握一下，但是不要太用力，用這種方式讓客戶體會到：你是位很知道自己目標的人。

聲音也是對他人形成印象的重要因素。清晰地道出自己的姓名、公司，告訴別人：我的姓名就是我的品牌。

其次，重要的印象來自於目光交會。身為推銷人員，一定要敢於直視客戶的臉，帶著自信、果斷的態度出現在客戶面前，並且面露親切微笑。這等於向客戶表示：「我對我自己銷售的商品非常有自信。」同時也是在表示：「我是來談生意的，而且這將是我們雙方都受益的生意。」

要常使用恭敬語，真心誠意的恭敬語才有情感，有情感才有力量，沒有情感是不會成為一流銷售人員的；牢記客人姓名，並稱讚其姓名的特殊優點。要注意，永不凋謝的微笑是表達恭敬的一項強有力的手段，是萬國共通的語言。

良好的儀態也是恭敬的表現及延伸；雙手捧物、座位安排、產產品答詢、端茶握手、相遇問好、距離合影、交換名片……皆要重視恭敬的表達。

首次印象比實際內在來得重要。這固然是你建立關係的有利條件，但我們在此談論的是長久關係。不論你給人留下多良好的印象，總是要有實際的理由，讓別人想繼續和你交往。因為接下來的接觸，就不單只是靠表面的認識，而必須是更多共同的興趣和嗜好。

你必須知道每個人都有同樣的本質，人類是非常敏銳的，他們有受人尊重的欲望，而且常會不自覺地自我膨脹。所以，你要小心謹慎地對待你的客戶朋友，並且讓他們覺得你關心他們，就像關心你自己一樣。

另外也別忘記，經常要當一個忠實的聽眾，因為人們總是喜歡談論自己的事情，像他們自己的工作、光榮史、興趣或他們的家庭。試著讓自己融入別人的生活，站在他們的立場分析事情。要讓人們看到最真實、最生活化的你，這樣才可以讓他們看到一個真誠的、有血有肉的銷售人員。

在與客戶建立關係的過程中，還可以設計一些能讓彼此關係穩固的情境，安排一些活動，讓彼此有深入認識的機會。諸如午餐、晚宴、打高爾夫球或舉行派對等，都是可以讓雙方的交流自然、放鬆的有效手段。如果你所邀請的人是從外地來的，應該到機場去接送，他們可能很少受到這樣的禮遇。這樣的第一形象往往會讓顧客體會到你的周到和細心。而就在接送他們往返機場的時候，也是能與他們建立良好關係的重要機會。

銷售攻心術

彼此信任的關係，並不來自於討論重要的商業交易，或緊張的政治議題，而是輕鬆的談天，像說說天氣、旅遊、電視、電影或棒球戰況等都可以。切忌在初次見面就直入主題，談生意談業務，否則會給顧客留下你只看重生意、太過急功近利的印象。

2．做銷售要先懂心理

有這樣一個故事：小偷在夜裡翻牆潛入一戶人家，他隨身帶了許多小塊的肉，來應付看家狗，免得牠狂吠示警。小偷將一塊肉拋給看家狗，看家狗倒很聽話，道：「想拿肉來堵我的嘴，沒問題，只是你給的肉要多一點。」小偷深有所悟，一連丟了三塊肉給狗。狗有肉吃也不狂吠，小偷偷盜得逞。

狗為誘餌所動而放棄了看家的原因是他得到了小偷的小恩小惠，得到了小偷的人情禮物。同樣地，在做推銷的時候，送一些人情禮物給顧客也是銷售人員的一種重要方法，懂得人情世故的銷售人員才是一名成功的銷售人員，就能成為一名心理專家。人情送得好，再有防備的心理防線也會被攻破。

遍佈世界的麥當勞無論在其廣告宣傳、店員服裝、帽飾，還是在食品包裝袋上，都永遠會寫上「I'm lovin' it」，即「我一直愛著麥當勞」的字樣，而這句話就像是植入性廣告一樣，深深地烙印在了每一位顧客心中，這就對心理的影響可以帶來巨大的作用。

同樣地，一流的銷售人員會鄭重其事地送給客戶一枚帶有棒球圖案的小微章，上面刻著：「我愛你！」有時候他也會贈送一些心形的玩具氣球給他的客戶，並且說：「您會喜歡和我合作，對吧？」這樣並不貴重卻很用心的禮物總是讓人難以拒絕。

孩子永遠是父母們的寶貝，所以人們也非常喜歡別人對他們的孩子表示友好。所以，窩心的銷售人員會趴在地板上對小傢伙說：「小朋友，你叫什麼名字？你好啊，凱特。你肯定是個乖孩子，對吧？啊！你手裡的洋娃娃可真漂亮！」然後，你可以把她抱到自己的座位上，而孩子的父母親正在一邊看著這一切！

「凱特，我有些小禮物要送給你，猜猜看會是什麼？」說著，銷售人員就從座位上的箱包裡掏出一大把棒棒糖來。這時候，聰明的銷售人員會依然跪在地板上，把凱特帶到女主人身邊說：「凱特，這一支給你，其他的給媽媽，好不好？瞧，這兒還有一些氣球，讓爸爸替你保管，好不好？你真是個聽話的乖孩子。好了，我得和你爸爸、媽媽談事情了。」

在這整個過程中，一流的銷售人員都是雙膝著地，孩子是不會拒絕你的禮物的，而父母更不會阻止孩子去接受禮物，顯然，對一個願意和他的小孩一起跪在地上遊戲玩耍的人說「不」實在太難以啟齒了，這就是銷售人員送的人情禮物，如此輕鬆。

在另一個情境中，客戶或許想抽支菸，摸摸口袋卻發現已經抽完了。

「請稍等一下，」一流的銷售人員會這樣說，並且很快從自己的公事包裡拿出十種不同牌子的香菸，「您喜歡抽哪一種？」

「就萬寶路吧。」

「那好，請用。」銷售人員打開一盒萬寶路，遞一支給他，再為他點燃，然後把剩下的全塞進他的衣袋裡。記住，銷售人員同時也把自己的名字刻在了這位客戶的腦子裡。

「真是謝謝你！不好意思。」

銷售人員就是要讓顧客感到欠了自己的人情！這就是一個銷售心理專家的高明之處。把送禮當成一門「科學」，簡直稱得上是心理大師。客人們在感到體面光榮的同時，自然就會被你的人情收買，也就願意掏錢花在你推銷的產品上。

銷售攻心術

建議銷售人員在推銷之前最好多做準備，在送出禮物前要確認禮物能夠被客戶接受。價格不要太貴，否則的話，客戶會覺得像是收了什麼賄賂一樣。禮物太昂貴，客戶有可能認為銷售人員想收買他。另外禮物太昂貴的另一個危險是，客戶有可能寧可不收銷售人員的禮物，而要求銷售人員將產品降價，反倒引起不必要的麻煩。

3．看準成功的關係切入點

在銷售中，人際關係的切入點對交易的結果有著至關重要的作用。切入得好，成交圓滿實現；切入得不好，就不能取得預期的效果。

臺灣巨富震旦集團創辦人陳永泰說過：「聰明人都是透過別人的力量，去達到自己的目標。」關係的建立和維護，都是在交往過程中實現的。發展人脈，建立關係，都需要我們具備高超的交際水準，而這種能力不是天生的，需要在實踐中不斷磨練。那麼一個成功的銷售人員到底可以透過哪些方式來找到適當的切入點呢？

第一，努力尋求親近和認同。

一個人的第一印象給別人的感覺最深，別人也可以從這上面大致地看出一個人的內在品質來。同樣，一個人能否討人喜愛，獲得別人的認同，就要看他是否能恰到好處地迎合別人的情感需求。

（1）關心他最親近的人。任何人總是關心著自己最親近的人，一旦發現了別人也在關心著自己所關心的人，大都會產生一種親近的感覺。交際就可以利用人們這種共同的心理傾向，從關心他最親近的人切入，拉近交際的距離。

（2）為他助上一臂之力。熱情相助最能博得人的好感。日常生活中，那些具有古道熱腸、為人厚道、不吝嗇、好助人的人總能在鄰里之間、同事之間獲得好名聲。因為人們一般都樂意與這些熱心腸的人相識相交。

（3）用溫情暖化他心中的堅冰。人們一般都認為，雙方的矛盾爆發之後的一段時間，是交際的冰點。但如果此時一方能主動做出一個與對方預期截然相反的善意舉動，就會使對方在驚愕、感嘆、佩服、敬意之中認同你，從而化敵為友。交際的冰點就成了成功交際的切入點。

第二，滿足對方的心理需求。

人們在交際中既有明顯的個性心理，也有普遍的共性心理。如果能針對人們的共性心理切入交際活動，就可以獲得滿意的交際效果。

（1）問候滿足人的尊敬心理

社會交往中，獲得尊重既是一個人名譽地位的顯示，也表明了他的德操、品行、學識、才華得到了認可。主動問候就是最便捷、最簡單地表達一個人敬意的交際行為。從問候切入交際活動，十有八九會有一個圓滿的結果。

（2）激勵滿足人的成就心理

人們都希望盡量做好自己喜愛的工作並取得令人稱道的成就，這種成就心理如果能得到別人的激勵，就必定能引起他的感激心理和報償心理。

（3）求教滿足人的自炫心理

人們對於自己具備的技能都有一種引以為榮的心理，如果想和這些人結識相交，採取求教法是最有效的切入。

（4）讚揚滿足人的稱許心理

人們都有一種顯示自我價值的需要。真誠的讚揚不僅能激發人們積極的心理情緒，得到心理上的滿足，還能使被讚揚者產生一種交往的衝動。

（5）投合滿足人的共趣心理

人們一般都喜歡和那些與自己有「共同語言」的人交往，而情趣相左的人交往則往往不大容易成功。如果你希望交際成功，就可以從尋找共同情趣切入。

銷售攻心術

找準成功交際的切入點是增進人際關係密切的基礎。把握住客戶的心理，消除疑慮，投合興趣，滿足其情感需求，找到最能攻破客戶心防的切入點，就可以順藤而上，與客戶建立良好的人際關係，實現業務的成功。

4．吸引顧客的注意力

每當我們接觸客戶的時候，時常會發現客戶仍在忙著其他的事情，在這個時候，如果我們不能在最短的時間內，用最有效的方法來突破客戶的這些抗拒，來把他們的注意力轉移到我們身上，那麼我們所做的任何事情都是無效的。唯有當客戶將所有注意力放在我們身上的時候，我們才能夠真正有效地開始我們的銷售過程。

想要吸引別人的注意力，就要能讓別人感興趣。一味的枯燥介紹和說服只會讓你與其他銷售人員一樣被拒之門外。簡單有效的亮出你所推出的產品最大優勢，一下就抓住別人的目光，你甚至可以無須施展你的口才，就可以完成你的推銷。

有一位銷售安全玻璃的業務員，他的業績一直都維持在整個區域的第一名。在一次頂尖業務員的頒獎大會上，主持人說：「你有什麼獨特的方法來讓你的業績維持頂尖呢？」

他回答說：「每當我去拜訪一位客戶的時候，我的皮箱裡面總是放了許多裁成15公分見方的安全玻璃，我隨身還帶著一個鐵錘，每當我到客戶那裡後我會問他，『你相不相信安全玻璃？』當客戶回答說不相信的時候，我就拿出一節玻璃放在他們面前，拿錘子往桌上一敲。而每當這時候，許多的客戶都會因此而嚇一跳，同時他們會發現玻璃真的沒有碎裂開來。然後客戶就會說：『天哪，真不敢相信。』這時候我就問他們：『你想買多少？』直接進行締結成交的步驟，而整個過程花費的時間還不到1分鐘。」

當他講完這個故事不久，幾乎所有銷售安全玻璃公司的業務員出去拜訪客戶的時候，都會隨身攜帶安全玻璃樣品以及一個小錘子。

但經過一段時間，他們發現這個業務員的業績仍然維持第一名，他們覺得很奇怪。而在另一個頒獎大會上，主持人又問他：

「我們現在也已經做了和你一樣的事情了，那麼為什麼你的業績仍然能維持第一呢？」

他笑一笑說：「我的秘訣很簡單，我早就知道當我上次說完這個點子之後，你們會很快地模仿，所以從那時以後我到客戶那裡，唯一所做的事情是把玻璃放在他們的桌上，問他們：『你相信安全玻璃嗎？』當他們說不相信的時候，我把玻璃放到他們的面前，把錘子交給他們，讓他們自己來砸這塊玻璃。」

這就是吸引客戶的注意力，使風景這邊獨好。

日本有一家咖哩粉公司，為了擺脫自己銷路不暢和知名度不高的問題，就想過一個奇招來推銷自己的產品。首先，該公司在報上大作廣告，宣稱自己要用飛機在富士山山頂上撒一層咖哩粉。這對當時的公司來說是絕不可能做到的，然而人們都信以為真，全國一片譁然。

富士山作為日本國的象徵，在白雪皚皚的山頂上撒下咖哩粉無疑是冒天下之大不韙，理所當然地受到全國人民的議論和攻擊，而該公司也藉故壓力過大，放棄該計畫，趁機開脫。

這一場驟起的風暴之後，頓時使該公司名聲大噪，同時也因為這項驚天動地的計畫，使很多商家認為該公司實力雄厚，就紛紛與其展開了合作。使該咖哩粉公司一躍成為一家大型的生產公司。

要知道，推銷自己的產品，知名度是最重要的保證。但一家小公司銷售量不足，產品積壓，必然就缺少足夠的資金來做大規模的廣告宣傳。而該公司運用這種宣傳手法不僅節省了資金，還最大限度地獲得了輿論的造勢，吸引了人們的注意力，可謂是一箭中的的妙想。

銷售攻心術

文中的安全玻璃銷售人員和日本的這家咖哩公司都是運用了很好的宣傳產品的手段。無論推銷的是什麼產品，無論推銷產品的特點和推銷方法有多相似，一個聰明的銷售人員都可以推陳出新，永遠比別人更新穎一點、更有趣一點，讓推銷變成一種行為藝術和特別的體驗，一下就能吸引別人的注意力，這就是成功推銷的不敗秘訣。

5．利用顧客的好奇心

在實際推銷工作中，銷售人員可以先喚起客戶的好奇心，引起客戶的注意和興趣，然後從中道出推銷商品的利益，迅速轉入面談階段。喚起好奇心的具體辦法則可以靈活多樣，盡量做到得心應手，運用自如。

某大百貨商店老闆曾多次拒絕接見一位服飾銷售人員，原因是該店多年來使用另一家公司的服飾品，老闆認為沒有理由改變固有的關係。

後來這位服飾銷售人員在一次推銷訪問時，首先遞給老闆一張便箋，上面寫著：「您能否給我十分鐘就一個經營問題提一點建議？」

這張便條引起了老闆的好奇心，銷售人員被請進門來。拿出一種新式領帶給老闆看，並要求老闆為這種產品報一個公道的價格。

老闆仔細地檢查了每一件產品，然後做出了認真的答覆，銷售人員也進行了一番講解。眼看十分鐘時間快到，銷售人員拎起皮包要走。然而老闆要求再看看那些領帶，並且按照銷售人員自己所報價格訂購了一大批貨，這個價格略低於老闆本人所報價格。

可見，好奇接近法有助於銷售人員順利透過客戶周圍的秘書、接待人員及其他有關職員的阻攔，敲開客戶的大門。

在激烈的商業競爭中，面對同類產品的排擠和壓力，就要懂得推陳出新，發揮創造力，用最特別的手段推銷自己的產品，盡量吸引顧客的注意力，才是有效的推銷手段。

很多顧客都對自己所使用的產品的生產過程充滿了好奇，要知道這樣看似平常的小商品，其製作過程則是紛繁複雜的。日本的松下電器公司董事長就獨具慧眼，他很敏銳地注意到了人們對產品生產過程的好奇心理會對產品的推銷產生多大的作用。

於是，他讓下屬工廠都掛上「歡迎參觀」的牌子，甚至在各工廠設立專門的參觀課、培訓專門的招待員，恭恭敬敬地請大眾參觀生產設備、工藝流程、管理制度和品質要求。

松下公司的這一招就產生了奇效，顧客和商家們透過參觀，親眼看到了松下先進的機器設備，嚴格的生產管理，對這些產品的品質一百個放心，生出了一種與眾不同的認同感。而且透過口耳相傳，也讓更多的顧客和商家相信了松下的產品，要知道，將產品的生產過程和管理對外界開放，對公司將是一個多麼大的挑戰，同時更展現松下對自己產品的自信，因此果然如公司所預想的那樣，松下的產品在市場大展拳腳，占據了極大的市占率。

松下的作法有很多值得銷售人員學習的地方：

（1）首先無論利用語言、動作或其他任何方式引起客戶的好奇心理，都應該與推銷活動有關。其方向和最終目的都應為產品宣傳服務，讓顧客看到我們值得信任和產品品質及其中可以帶來的巨大利益，是推銷成功的關鍵。

（2）無論利用什麼辦法去引起客戶的好奇心理，必須真正做到出奇制勝。即使我們的產品比起同類產品並無多大優勢，也要用新奇的推銷手段來將我們的品牌打響，獲得商家和顧客的青睞。

（3）銷售人員不要自以為奇。如果銷售人員自以為奇，而客戶卻不以為奇，就會弄巧成拙，增加接近的困難。想激起客戶的好奇心，就要做好功課，瞭解客戶和商家的喜好、需要，透過迎合他們的口味，抓住他們的敏感神經，才能讓我們的推銷事半功倍。

銷售攻心術

能利用客戶好奇心的推銷是最有效的推銷，它能引起人們對產品和商家的持續關注，更會影響身邊的人參與推銷活動。這是一種變被動為主動的推銷方式，打破了單向說服客戶的傳統模式，是值得商家們思考的一種推銷方式。

6．掌握和顧客談戀愛的本領

每一位生意有成的人都要懂得：「你的好面子和好生意都是你的顧客給的。」因此，只有重視顧客，善於開發客戶，才能掌握行情，贏得市場。

顧客就是上帝，客戶是衣食父母，這是每個經營者都懂的道理。而在市場競爭中真正厲害的企業，在於他們能夠緊緊抓住客戶的心，雙方做成買賣。

通常，企業應該定期與客戶進行交流，瞭解他們最新的需求和心態。在客戶身上動腦筋，多琢磨琢磨他們，顯然會得到好處。這就像談戀愛一樣，在顧客管理上，要把對方時刻放在心上，用一顆真誠的心，用關注的眼光深刻地瞭解客戶的需求，盡全力滿足他們，為他們提供便利和服務，才能抓住顧客的心。

那麼到底怎麼樣才能和顧客談上「戀愛」，獲得他們的心呢？

（1）臉皮要厚

追女孩常遭受拒絕，這是正常的，談客戶遭受拒絕這也是每天都在發生的。要取信於客戶，與他們進行交流，瞭解他們的需求，臉皮就要厚一點。尤其是對一名銷售人員來說，不能一次遭到客戶冷冰冰的拒絕，就灰心喪氣，精神不振。要告訴自己，我是最棒的。當然，還要講究策略和技巧，才能真正達到目的。

（2）勤快一點

追女孩要勤快，談客戶也一樣。要常對客戶獻殷勤，像一個老朋友一樣常打個電話聯絡一下感情，經常進行拜訪，增加見面的印象。還可以透過安排一些客戶服務活動，如聚餐、球賽、野外活動，在自然而放鬆的場合中與客戶進行互動和交流，建立生意之外的人情關係，而讓顧客透過你對你推銷的產品和企業產生信任。

心勤（常想客戶）、嘴勤（常打電話給客戶）、腿勤（常拜訪客戶），有了這些努力，客戶才會與你交朋友。

（3）無論實力如何，都要眞誠

今天，女孩子常常以經濟實力衡量一個男人，我們雖然不提倡，但這是可以理解的。許多客戶也會以企業實力評價你的產品和服務，絲毫不奇怪，因為人們都想透過與有實力的夥伴建立合作關係，而避免承擔風險去與一家實力不強的公司合作或者甘願去扶持你的產業。只有讓客戶懂得，你的企業是具有廣闊成長前景的潛力股，他們才有可能承擔風險與你合作。當然，更重要的是真心對待客戶，作為人與人的接觸，真誠永遠比什麼都重要。

（4）要有責任感

女孩子不喜歡沒有責任感的男孩，客戶也一樣，他對缺乏責任感的銷售人員不屑一顧。同樣地就會對你的產品和企業缺乏信任。產品賣給了客戶，還要不斷關心客戶、幫助客戶解決問題，售後服務和售前的承諾一樣嚴謹負責，才能增加客戶的信任度，才能使對方成為固定客戶、忠誠客戶，同時，也會為你牽線其他的商家，做到聲名遠播。

聯繫和客戶談戀愛的本領，贏得客戶的信任與合作，不僅是做成交易的需要，還能從客戶那裡獲得有價值的商業資訊的重要途徑。這種重要性，主要表現在三個方面：

第一，客戶來自四面八方，他們能把各地不同的商情物價帶來，作為企業活動的重要參考；

第二，客戶作為購買者，最關心的是貨物的品質和價格，在不同的貨物比較中，他們最有發言權，也能給企業帶來很多的意見和建議；

第三，客戶在商品購買和使用中互相回饋商品優劣和貴賤，他們沒有什麼顧忌，他們道出的商情和品質，真實而準確，有助於企業改進工藝，提高產品品質。

銷售攻心術

談戀愛要用心，與客戶建立關係更要用心。只有緊密的關注和貼心的服務，才能取得客戶的信任。學會與客戶談戀愛，就能學會把握推銷的成功脈動。

7．把合作過的客戶都變成朋友

人脈就是財脈，這是許多商人的共識。對銷售人來說，首先要把人做好，大家關係處理好了，彼此信任，沒有隔閡，接下來的事情就水到渠成了。

商場是一個弱肉強食的世界，充滿了爾虞我詐。但是很多人仍然在這種惡劣的環境中秉持自己正義為人的理念。如華人首富李嘉誠就一貫善待他人，即使面對競爭對手也是如此。

在李嘉誠看來，善待他人，利益均沾，是生意場上交朋友的前提，誠實和信譽是交朋友的保證。「一個籬笆三個樁，一個好漢三個幫」，「在家靠父母，出門靠朋友」，做生意要重視人緣，善於發展朋友關係，大家開開心心，才能都有利可圖，絕對不要因為利益鬧得不歡而散。

早年，率領眾企業在港界大展拳腳，同時，自然無可避免地也會影響一些集團的利益。然而，每次戰役之後，無論是合作商家還是對手，大家最後都能握手言和，實現共贏。

這一局面的出現，在很大程度上得益於李嘉誠做人做事的智慧。他說：「要顧全對方的利益，這樣人家才願與你合作，並希望下一次合作。即使在競爭中，也不要忘了想一想對方的利益。」

李嘉誠在累積財富上創造了奇蹟，不過他更厲害的地方在於他可以依靠高超的手腕建立起好人緣，在險惡的商場上避免了與眾樹敵，從而可以在惡劣的競爭中遊刃有餘。有人說，李嘉誠生意場上的朋友多如繁星，幾乎每一個有過一面之交的人，都會成為他的朋友。李嘉誠創造了只有對手而沒有敵人的奇蹟，這就是他會做人的結果。

對銷售人員來說，同樣需要掌握做人做事的本領，修練贏單的強大氣場。如何讓生意來找你？那就要靠朋友。如何結交朋友？那就要善待他人，充分考慮到顧全對方的利益。與朋友一起做生意，實現雙贏的目標，有兩點最重要，它們是：

（1）要互惠互利，更要共度難關

銷售人員堅持「互惠」的原則，才能與客戶形成良性合作的關係，實現「互利」的目標。反之，如果有人破壞這一原則，就容易形成保護主義，從長遠來看危害到彼此的利益。因此，與人做生意的時候，要積極主動向對方敞開大門，這樣不但可以吸收對方的有利方面，也有利於發揮自己的優勢，從而達到互通有無、融合共生的目標。

在今天的商業世界裡，業務合作是建立在人脈關係基礎上的，必須透過聯合、結盟才能簽下更多大單。從資訊、行銷，到資金、人員，任何一個銷售人員都需要在合作中完成自我超越，因此必須堅持「以和為貴」的原則。特別是客戶遭遇困難時，更需要精誠合作，共度難關。

（2）財散人聚，善於分享的人更能做成大買賣

古語說：天下熙熙，皆為利來；天下攘攘，皆為利往。千百年來，人們抱定一個宗旨：無利不起早，沒有利潤的事情沒有人願意做。因此，在銷售中必須善於合作共贏，懂得分享紅利。抱著「分利於人，則人我共興」的態度，與他人攜手做事，才容易打開局面，實現更大獲利空間。

有句話說得好：財散人聚。銷售也是做生意，只以謀求利益為經商之目的，就會把自己陷入孤家寡人的局面。把利益與別人分享，就會贏得信賴、聚集人心，這樣一來自己的業務範圍、合作夥伴才會越來越多，生意才能越做越大。

銷售攻心術

老實做人，善於在合作中「吃虧」。在小的地方吃虧，才能在大的地方獲利。因此，在商業競爭中，最成功的作法是與朋友合作，主動吃虧，既使對方有利可圖，又能在合作中壯大自己。

8．大膽進行人情投資

俗話說，「和氣生財」，這是把利益的獲取建立在人情基礎上。處理不好人情關係，不能讓對方順心、滿意，談交易、談合作只能是癡人說夢。銷售人員必須對這一點有深刻洞察。

對中國人來說，人情就是面子。給對方面子，他才會認同你、感激你。否則，對方不認你這個人，甚至雙方交惡，無論做生意，還是取得銷售業績，都會寸步難行。

紅頂商人胡雪巖之所以功成名就，其中一個重要因素就在於他懂人情、明事理。當年，王有齡身無分文，胡雪巖冒著被解雇的危險慷慨解囊，結交了這個「窮」朋友；日後，王有齡科考登第，步入官場，胡雪巖迎來的是千金難求的「貴人」。這就是「人情買賣」的典型例證。

生意場上的人情投資，是一門大學問，包含了無盡的智慧。銷售人員掌握其中的要義，關鍵是把握好下面三個原則：

（1）慢工出細活

如果你手中擁有幾張初交者的名片，那你必須迅速出擊，將它充實為十倍、百倍。把它當作是你人際交往的生命線，是隨時可以啟動和挖掘的「存貨」。一份看似平常的人際關係，卻很有可能衍生出更多更有用的路子和人脈。所以，做推銷，做生意，萬萬不可輕易忽略任何一份關係，一位客戶，因為這背後可能隱藏的生意是你永遠無法預知的。

但是這一點的難處是要突破清高顧面子的心理，還要越過難以主動與人交流的心理障礙，很多人都覺得與人主動交流是很困難的，很「沒面子」的，所以一定要說服自己，做一個能說會道的生意人。同時也要不可太急於將陌生人變成為客戶，而需要慢慢「和麵」。生意之道是慢工出細活，不能操之過急，交朋友也是如此，要有耐心，透過事實、時間來爭取別人的理解和信任。

（2）以誠相待

要做到細節真誠，而細節的真誠又來源於內心的真誠。「以財交者，財盡而交絕；以色交者，色落而愛移；以誠交者，誠至而誼固。」從某種意義上來說，客戶至上並不是說給客戶聽的，而是要說給自己的內心聽，首先讓內心先形成這樣的概念，然後運用到點點滴滴的行動中，「潤物細無聲。」

這一點的關鍵是對對方的理解。無論是朋友或生意夥伴，他們所以與你相交、合作，都自然地希望得到幫助和利益，這是人之常情，切不可因此而無法釋懷。在理解這些後自己才能從內心獲得平靜，之後才能對別人真誠相待，才能平平淡淡地把人情做到點子上，讓人真正感到你的友善和豁達。如果太過誇張和殷勤，反倒顯得過分勉強，不夠真誠。

（3）樹立口碑

常言道口碑是企業的無形資產，因此首先要樹立你的個人口碑，進而樹立你的企業形象。透過對個人品行的修練，對慣例及規範的秉持，做有原則、有擔當的企業人，慢慢累積你的影響力。

當大家都說這個人很不錯，處理問題極其到位，而且不會斤斤計較於小得小利，有眼光有眼界。將人情做到有口皆碑，這個時候你所擁有的社會資源就會非常之多，人們都會願意與你交往、做生意，甚至不認識你的人也會因為你的口碑和人脈來與你進行大膽合作，讓你和你的企業產品在競爭中能比別人更多一重條件和保障，你的才能就能得到最大的施展。

銷售攻心術

銷售人員一定要樹立對人際關係長期投資的觀念。有些短期內看似不重要的人和事，長期看就可能很重要。所以，精明的銷售能手敢於把錢適時地投在人才、人脈上面，「彈指一揮間」，回報必定遠遠超過你的投入。

第二章　籠心術——針對客戶的心理特點投其所好

每天與客戶打交道，首先要掌握對方的心理特點，對症下藥，從而為接下來的推銷工作奠定好基礎。因此，銷售員做好業務的第一件事，就是先學會做人，不斷培養自己的情商，把握自己的工作節奏，給客戶想要的，才能獲得自己想要的。

1．對客戶的愛好瞭若指掌

歷史上的皇上大凡有什麼愛好，總是會有很多大臣也趨之若鶩，往往演繹了一段段的文化熱潮。特別是那些善於阿諛奉承的奸臣更是將這一本領演繹到了淋漓盡致的地步，從而換取了其本人的仕途如日中天。

有段民間笑話說和珅最能體會皇帝心思，乾隆皇帝放了個屁，結果和珅的臉卻紅了，這樣大家都以為是和珅放的屁，就為乾隆解了圍。這樣的人，雖然讓人莞爾，但自然是會得到讚賞和重用的，誰不希望和聰明人合作呢！

對此，銷售人員不能盲目的提倡一味的跟隨和模仿，淡化了專業本能和自我，但在一份商業關係中，對於客戶的愛好，還是要有所瞭解，甚至培養一點興趣，權當是為了工作便利而需要熟悉的資料吧。

在工作中，要想贏得客戶的好感，就必須時刻留意對方的興趣、愛好，明白他的意圖，理解他們的心思，這樣才能投其所好，「對症下藥」。

然而，客戶的意圖往往讓人捉摸不定，善逢迎者必須下功夫掌握他的心意，揣摩其心理，然後盡量迎合他，滿足他的欲望。甚至還能搶先一步，將客戶想說而未說的話先說了，想辦而未辦的事先辦了，把客戶樂得喜孜孜的。自然，這樣做的回報也總是沉甸甸的。

張亮為人熱情大方，很善於與各種各樣的人打交道。在調到一家新公司後，他要重新建立自己的客戶群際關係，一位重要客戶是他首先要攻克的對象。在做了一番調查後，他得知這位客戶為人保守，就毅然捨棄了長髮、牛仔等時髦裝束，而是以循規蹈矩的形象出現在這位客戶面前。

在初步贏得客戶的好感後，張亮就想發揮自己為人熱情、樂於助人、慷慨大方的優點，主動與客戶交往，建立友誼。不料，客戶為人孤僻多疑，喜歡獨處，對張亮的熱情頗不習慣。張亮碰了幾次壁後，就決心改變策略，去順應客戶的性格特點，不再經常圍著客戶轉。

後來，張亮發現客戶有一個最大的愛好——打乒乓球，於是他就苦練了一段時間的球藝，然後頻頻在客戶常去的一家俱樂部露面，並且每次都是和鄰居在一起對陣、切磋球藝。此舉果然奏效，在球來球往中客戶漸漸放鬆了心理防衛，因為這一共同愛好，兩個人很快成為朋友。

經過一番交往，客戶水到渠成地瞭解了張亮身上的優點和才幹，對兩人的生意也就很放心、照顧。

張亮投其所好，出色地把自己推銷給了客戶，這種良好的人情關係也幫助他獲得了自己生意上的順風順水，從而贏得了事業上的成功。

由此可見，在和客戶相處時，一定要根據客戶的性格特點和其好惡，對自己的為人處事方式乃至興趣愛好做一些必要的修正，以便迅速贏得客戶的好感，建立起一定的人情關係。在此基礎上，客戶就會更有興趣深入瞭解和考察你的才幹，也使你的推銷、你的產品「英雄有用武之地」。張亮正是因為投客戶所好才有了之後的成功。

其實，只要你仔細觀察，便不難發現，現實生活中，客戶說你行，你就行，不行也變行的現象太多，人們必須學會：「知上，知下」，盡量不要「哪壺不開提哪壺」，謹言慎行，才能避免「說不行，就不行，行也不行」的難堪局面。所以，學會愛上客戶的愛好，把生意建立在人情之上，就更容易成事，避免摩擦和失敗。

銷售攻心術

培養和客戶一樣的愛好，你會給客戶帶來更多的好心情，會讓你和對方有更多的共同語言和交流的機會，也會使得你對客戶的讚美更加貼切和有的放矢，會使你受益匪淺的。

2．投其所好才能深得人心

有一次，美國大思想家愛默生和兒子想要把牛牽到棚裡，兩人用盡了力氣，始終沒有成功。這時，女傭走過來。她拿起一些草餵牛，然後引導牠順利進了牛棚，兩個大男人站在一旁驚得目瞪口呆。

人們常常說「人心叵測」、「事事難料」，牛的要求很簡單，只要一點吃的，常人尚不能窺其心理，更何況是複雜的人呢？因此，只有精心瞭解客戶心理，善於投其所好，才能在銷售中收到「事半功倍」的效果。

在許多人的印象中，耐吉公司是一家專業的男性運動用品企業，因為從傳統的廣告中受眾得到的都是充滿雄性氣息的粗獷廣告。為了提升銷售業績，耐吉公司準備進軍女性運動品消費領域。關鍵是，如何打開局面，讓自己的產品深入人心呢？

市場行銷人員制定了「行銷溝通」的策略，從「創建女性購物環境」入手，讓女性消費者「買帳」。在美國加州新港海岸時尚島，耐吉公司開設了第一家女性體育用品廣場。走進那裡，你會看到藍色和白色的燈光照在深色的木地板上，擺設看起來更像是家庭裡的傢俱，而不是呆板的展架，旁邊還裝潢有白色的蘭花。這一投其所好的設計，讓女性朋友獲得了歡悅、舒適的購物消費體驗，大獲成功。

日本的寺田千代乃是日本搬家業明星，被評為日本最活躍的女企業家之一。在她的搬家公司開張後，她抓住了顧客珍惜家財和怕家財暴露的心理，設計了專門的搬家車，既不為人所見，又可靠安全。

後來，在搬家的同時，該公司還向顧客提供與搬家有關的300多項服務，如代辦消毒，滅蟲，清掃，改辦電話，甚至子女轉學等等。在同行的競爭中，寺田千代乃打破了以往「行李未到，家人先到」的搬家常規，將總是給人留下煩惱記憶的搬家，變成了終生難忘的一次旅行經歷。

她縝密的心思和全心全意想顧客之想、急顧客所急的服務態度，極大地滿足了人們的需求，也讓該公司的業務滾雪球一般越來越壯大。更吸引了美國和一些東南亞國家來購買她的搬家技術專利，年營業額達幾百億日圓。

就市場而言，每個市場上的個人都有自己的想法，再加上每個人都有不同的家庭、教育和經歷的背景，甚至各自的生活壓力也都不同，所以他們的心理狀態自然也不同。因此只有針對性地研究他們各自的需要，站在他們的立場思考自己的產品所能帶給他們的效用，並且試圖透過更周到的服務來加強這種效用和體驗，才是銷售、推銷的上上之道。

很多專家認為，中國還沒有任何真正的企業家。究其原因，就是因為很多人並未能做到完全體會顧客的心意，投其所好，把客戶的需要和自身生產聯繫起來。大千世界，芸芸眾生，交朋友的時候，一定要主動瞭解對方的興趣、心理需求，能以真心換真情；做生意、做推銷的時候，更要記得把握對方的心理，將一切服務都應用於滿足顧客的消費體驗中，挑戰自身的限制，達到同行業競爭中的絕對優勢。

同樣的，對企業經理人來說，無論是激發員工的工作熱情，還是在商業談判中占據主動，以及在營業推廣上贏得消費者的口碑，都需要準確洞察對方的需求，把握對方的心理，進而有的放矢，把事情辦成、辦好。

銷售攻心術

「投其所好」作為一種策略，本身並不含貶義。關鍵看什麼人將這一策略用於什麼地方。壞人用它做壞事，好人用它為民造福，關鍵看你的作為。掌握「投其所好」的辦事精髓，關鍵是準確研判對方的心理需求，方向對了，再行動就會事半功倍。

3．在顧客面前勇於認錯

通常一個人犯錯誤時，不但不會承認自己的錯誤，反而會極力地辯白，甚至於製造另一個錯誤來掩飾一個錯誤。人非聖賢，孰能無過，知過能改，善莫大焉。當我們在推銷當中知道自己的確錯了，也知道非受客戶責備不可時，何不先發制人，自己先責備自己呢！

有個人小時候有一次在學校裡偷了同學的一支鋼筆，他拿回家交給了母親。母親不但沒責罵，反而還誇他能幹。第二次他偷回家一件大衣，交給母親，母親很滿意，更加誇他能幹。母親的讚揚使他覺得能偷到東西，是能幹的表現，便開始去偷更貴重的東西。

有一次，他被當場捉住，被判處了死刑。他母親跟在後面，捶胸痛哭。這時，小偷說，他想和母親貼耳說一句話。他母親馬上走了上去，兒子一下猛地用力咬住她的耳朵，並扯了下來。母親罵他不孝，犯殺頭之罪還不夠，還要使母親致殘。

兒子說道：「我初次偷鋼筆交給你時，如果你能好好地教訓我一頓，今天我何至於落到這種可悲的結局，被押去處死呢？」小錯不懲治，必將釀成大錯。

每個人都想表現出他們高貴的人格，當你認錯時，剛好滿足了這種表現。所以，勇於認錯，客戶不但不會怪你，你還會給他們留下坦誠、負責的良好印象。

在待人處世時，為爭一時之氣而拚個你死我活，是大忌，因為這於己於事又有何益呢？泰山壓頂，先彎一下腰又何妨？折斷了就永遠斷了，而彎一下腰還有挺起的機會。

老百姓有一句俗語，叫做「人在屋簷下，不得不低頭」。意思是說人在權勢、機會不如別人的時候，不能不低頭退讓，但對於這種情況，不同的人可能會採取不同的態度。

有志進取者，將此當作磨練自己的機會，藉此取得休養生息的時間，以圖將來東山再起，而絕不一味地消極乃至消沉；那些經不起困難和挫折的人，往往將此看作是事業的盡頭，或是畏縮不前，不願想法克服眼前的困難，只是一味地怨天尤人聽天由命。

在實際交往中，我們肯定會碰到一些性格怪異、孤僻的人，對這些人，我們即使施展了渾身的解數，也無法跟他們接近，或者性格怎麼也合不來，或者是猜不透他們的脾氣，不知道什麼時候就冒犯了他們。

在這種情況下，與其軟磨硬泡，還不如敬而遠之，該低頭時就低頭。

當進入別人的勢力範圍時，會受到很多有意無意地排斥。這種情形在所有人的一生當中幾乎都出現過，除非你有自己的一片天空，是個強人，不用靠別人來過日子。可是你能保證一輩子都可以如此自由自在，不用在人「屋簷」下避避風雨嗎？所以，在人屋簷下的心態就有必要好好做些調整了。人在屋簷下，有時要低頭的好處有這樣幾條：

第一，不會因為不情願低頭而碰破了頭。

第二，不會因為自尊自大而招嫉恨以致成為被人打擊的目標。

第三，不會因為沉不住氣而執意要把「屋簷」拆了。要知道，不管拆得掉拆不掉，你總是要付出代價的。

第四，為不忍屈就而離開「屋簷」下。離開不是不可以，但是要去哪裡必須考慮清楚，而且離開後想再回來就不容易了。

第五，在「屋簷」下待久了，甚至有可能成為屋內的人。

總而言之，「低頭」的目的是為了讓自己與現實環境有一種和諧的關係，把二者的抵觸和摩擦降至最低；是為了保存自己的能量，好走更長遠的路；是為了把不利環境轉化成有利環境。

銷售攻心術

一個人要想洞明世事，練達人情，就必須時刻記住低頭。低頭也是做人的姿態。在該低頭時低頭是一種氣度，也是一種成大事者的隱忍態度。低頭是為了不碰頭，不栽跟頭。低頭做人，低頭處事，能夠避免生活中的諸多麻煩。

4．顧客都希望被尊重

每個人都希望自己有穩定、牢固的地位，希望得到別人的高度評價，需要自尊、自重或為他人所尊重。自尊需要的滿足使人有自信的感覺，覺得自己在這個世界上有價值、有實力、有能力、有用處。而這些需要一旦受挫，就會使人產生自卑感、軟弱感、無能感，這些又會使人失去基本的信心，要不然就祈求得到補償或趨向於精神病態。

誰都不能容忍別人傷害自己的自尊，顧客也如此。銷售人員要是一不留神，造成了對顧客自尊心的傷害，那就甭想顧客給你好臉色，甭想推銷成功。

一次，銷售大師金克拉為了轉機在聖路易斯機場下了飛機，他看自己的皮鞋又該擦擦了，便來到他常去的那個地方讓人替他擦。

那天，為他提供服務的是一個新手。他走到金克拉的身旁說：「是擦一般的嗎？」

「沒想到你會讓我擦一般的！為什麼不讓我擦最好的，而偏要建議我擦一般的呢？」

金克拉盯著那笨小子說。

「下雨天擦皮鞋，難免要弄髒，所以有很多人捨不得花兩美元擦最好的啊！」

「把我的皮鞋擦最好的，不正是為了在下雨天保護皮鞋嗎？」

「是這樣的！」

「那你剛才為什麼不建議我擦最好的呢？」

「在下雨天擦皮鞋，還未曾有人捨得花兩美元呀！」

「如果擦最好的，能夠在保護皮鞋上產生最好的作用。而且在下雨天你掙不了多少錢，而你又為了多擦幾次最好的話，我想你大概會拚命地幹吧！」

「完全是這樣的，我也是這樣想的。」

「你想讓我教你幾句能夠使你擦最好的增加兩倍的推銷話術嗎?」

「先生，我從心眼裡想要向您請教，希望把那些能賺錢的話術教給我!」

「當下一位顧客進來時，一旦坐在椅子上，你首先應該做的事情，就是注意那人的皮鞋。然後再看著那個人的眼睛，和顏悅色地說：『如果我的估計沒錯的話，顧客先生，我想您一定是來讓我給您擦最好的人。』」

在這裡，笨小子的第一句問話是不合適的，因為它會傷人自尊。金克拉教給他的話則恰好相反，它能滿足顧客被尊重的需要，面對這樣的話，恐怕不會有人拒絕擦最好的。

中國人酷愛面子，對此看得比命都珍貴，視面子和自尊為珍寶，「人活一張臉，樹活一層皮」，「死要面子活受罪」。因此，為人處世最忌諱的就是傷害別人的面子，讓對方沒有尊嚴，你的日子也不會好過。

一個懂得交際藝術的人，即使他知道自己的觀點是完全正確的，在說服別人接受他的觀點時也會力求保住對方的面子，並以此為切人點讓別人接受自己的觀點。結果，別人自然會認為他是寬容的、明智的紳士。

人都愛面子，你給他面子就是給他一份厚禮。有朝一日你求他辦事，他自然要「給回面子」。即使他感到為難或感到不是很願意。這便是操作人情帳的全部精義所在。

人得學會「給人留點面子，給人面子也就是給自己面子」，否則大家一拍兩散，那叫雙輸，你也沒面子，我也沒面子。所以，保留一些看到的聽到的別人的不是，容忍別人的某些不屬於原則性的錯誤，那叫待人以寬，就是給人面子。人都是不完美的，老是想著去揭人面子，當你不完美的時候，別人也對你不客氣。

銷售攻心術

心理學家認為，一種行為必然引起相對的反應行為。所以，只要有心處處留意給人面子，你就會獲得更大的面子。有了面子上來往，生意自然也容易做得多。尤其對銷售人員來說，給足了客戶的面子，滿足他人自尊心的需要，是建立客戶關係的首要條件。

5．把功勞送給你的客戶

當你的工作和事業有了成就時，千萬記得不要獨自享受榮耀，要和大家一起分享。你能主動分享，就能讓別人有被尊重的感覺。人心換人心，你能尊重他們，他們反過來也會尊重你，這樣就可以最有效地籠絡人心。

而獨享榮耀容易激起他人心中不滿並心生恨意，心安理得地把高帽子往自己頭上戴的人，終究是會成為孤家寡人的，更何談討人喜歡，受人歡迎？

把功勞和榮耀送給別人是一個聰明的作法，當有了功勞時，銷售人員應該記住：

（1）感謝

感謝同仁的鼓勵、幫助和協作。不要認為這都是自己的功勞，尤其要感謝上司，感謝他的提拔、指導、支持。如果實際情況果真是如此，那麼你的感謝就是應該的；如果同仁的協助有限，上司也不值得恭維，你也有必要感謝他們，這樣做雖然勉強一些，但卻可以使你避免成為靶子。

對客戶更是一樣，記得要謝謝他們對你的信任，買賣不成仁義在，即使沒有建立合作關係，也要不忘感謝人家對此付出的時間，也有益於你們下次進行別的合作。

（2）分享

口頭上的感謝也是一種分享，這種「分享」可以無窮地擴大範圍。另外一種是實質的分享，別人倒也不是稀罕分你一杯羹，但是你主動的分享卻讓旁人有被尊重的感覺。如果你的榮耀事實上是眾人鼎力協助完成的，那麼你更不應該忘記這一點。實質的分享有很多種方式，小的榮耀請吃糖，大的榮耀請吃飯，分享了你的榮耀，大家就會把你當成可以信任的「自己人」，有了人心所向，就不會有人和你作對了，做起事情來就會更加左右逢源，得心應手。

對客戶來說，如果一單生意得以促成，很大一部分的功勞是人家的信任和支持。所以不要做完了生意就斷了來往，一錘子買賣是要不得的。在生意之外，請人家吃個飯，打個球，感謝一下人家，下次再有合作機會，生意就更好做了。

（3）謙卑

人往往一有了榮耀就自我膨脹，這種心情是可以理解的，但旁人就遭殃了，他們要忍受你的囂張氣焰，卻又不敢出聲，因為你正在風頭上。可是慢慢的，他們會在工作上有意無意地抵制你，不與你合作，讓你碰釘子。因此有了榮耀，要更謙卑。要不卑不亢不容易，但卑絕對勝過亢，別人看到你的謙卑，會說：「他還滿客氣的嘛！」這就是聰明人的作法。

岳飛是宋朝時一位軍事家和謀略家，他不僅在戰場上是一位運籌帷幄的大將，而且在平時為人十分低調和謙虛。

岳飛治軍極嚴，平素注重操練和校閱，與士兵們同甘共苦。打仗時，他衝鋒在前，自己擔任「旗頭」，成千上萬兵將的動止進退，唯「旗頭」是瞻，勇往直前。每次朝廷封賞，他總是說：「全軍將士出力，功勞是大家的，我沒有什麼功勞。」

岳飛就很會做人，他從來不獨享榮耀，他知道獨自攬功會令別人的光芒變得黯淡，甚至令人產生一種不安全感；而把功勞給別人，卻能讓他們吃下一顆定心丸，讓人覺得他們沒有被忽視，自己的努力也有人看得到。這就是為什麼金兵會發出「撼山易，撼岳家軍難！」感嘆的原因。

與人融洽相處，一定要記住功勞是大家的，名譽是團體的。即使你工作做出了成績，上司把功勞記在你的頭上，也要記得感謝大家，沒有大家的幫助，你是不會取得那些成績的。

銷售攻心術

一個籬笆三個樁，當你把功勞給別人的時候，得到別人尊重的同時也許又獲得了一個朋友，在這個人情的時代，謙卑和共享無疑對你的人際關係有很大的幫助。

6．學會和不同的客戶打交道

生活在一個社會交往十分頻繁而密切的社會中，不管願不願意，你總是跟周圍的人有著千絲萬縷的聯繫。在現實生活中，為了讓事業走向成功，免不了要和各式各樣的人打交道，他們性格各異，習慣各不相同，與他們打交道就要學會靈活，用不同的方式溝通：

（1）固執己見型

這種類型的客戶，一般觀念比較陳腐，思想比較老化，卻又剛愎自用，自以為是，從不願意接受別人的建議和意見。對待這種人，不要試圖說服他，不妨單刀直入，有理有據地把你的產品的優勢和所能帶來的利益一一擴大列舉出來，再透過目前市場情況為他解釋自身的不足之處。這樣，面對既定的事實，他即使當面抗拒你，但獨自一個人的時候，也會認真考慮事情的可靠性和輕重得失，從而採取正確的方式來解決問題。

（2）深藏不露型

這種類型的人自我防衛意識狠強，不願讓人輕易看出他的內心想法。這可能與他人生的一些經歷有關，大多是曾經的一些事情留下了心理陰影，或者緣於心裡的自卑。對於這種客戶，要熱情誠懇，大方坦蕩，時間久了，這種人在心理認可你了，就會主動向你敞開心扉，也會願意與你就生意來進行商談。

（3）草率決斷型

這種人做事情沒有耐心，容易輕言輕信，思路不理智清晰，缺乏深謀遠慮，比較草率魯莽，容易做出錯誤判斷，常常事情過後就後悔。這種客戶，要經常給他提醒，就他以往的一些失誤來進行談判，闡述清楚你的產品和服務能帶來的效益和幫助，讓他保持清醒的頭腦，面對你提供的選擇也能做出恰當的判斷。

（4）傲慢無禮型

這種類型的人一般都缺乏自知之明，喜歡以自我為中心，自高自大，誰也不放在眼裡。對待這種人，最好的方法就是長話短說，把需要交代的事情簡單明瞭的交代完就走人，或者直接找他的上司來建立關係，避免與他直接接觸。對待這種客戶，千萬不要低三下四，否則只會讓他更加傲慢無禮。

（5）忘恩負義型

這類型的人，在和你有生意來往和需求的時候，會對你大獻殷勤，甚至擺出一副可憐相，你幫助了他後，他卻翻臉如翻書。甚至一旦跟他產生利益衝突，不管你以前對他的生意有多麼大的幫助和提攜，他都一概不認帳，翻臉不認人。對待這種人，不要再幫助他第二次，並且盡量跟他拉開距離，不要再打交道。如果必須相處，就任何事情公事公辦，嚴肅認真，不要太講情面，因為下一次的合作，該客戶還是不會為你利益考慮，建立關係也無益。

（6）口是心非型

這種類型的人，常常當面跟你說一套，跟別人說的又另一套，自己做的又是不同的一套，甚至口蜜腹劍，嘴上說得比蜜還甜，實際上卻是一肚子壞水，即使跟你建立了合作關係也會背信棄義。對待這種客戶，少打交道，平時也不要太熱情，不要給他接觸你的機會。如果萬不得已，那就注意保持嚴肅，除了工作不要講多餘的話，也不要給他講多餘話的機會。對於他說的話，自己不要輕信，相信自己的理智判斷，讓他的口是心非沒有發揮的機會。

不管遭遇什麼樣的人，只要理智清醒地分析這些客戶，看清楚他們是哪種類型的人，針對特點，區別對待，堅持自己的原則和處理事情的方式，就能遊刃有餘的跟他們相處。

銷售攻心術

世間你我，也許身世背景不同，思想觀念各異，職業千差萬別，但其實我們每個人每天所做的事情有一點是一樣的，那就是都在跟人打交道，學會與人打交道是一個立足社會和成就事業的根本。

7．順著對方的脾氣行事

人都有脾氣。誰都有發脾氣的時候，終生不發一次脾氣的人是沒有的。其區別僅僅在於，有人脾氣大，有人脾氣小，有人是亂發脾氣，有人故意用發「脾氣」去達到一定的目的。

銷售人員要體諒客戶，他們遇到不順心的事情，也會有發脾氣的時候。就通常的情況來看，客戶發脾氣往往與工作有關，即他們常常是有意無意地在用發脾氣的手段去達到自己的目的。

發脾氣對於一般人而言，是一種應該控制的不良情緒，但對於客戶而言往往代表著一定的權威，這一點可以從銷售中的具體情境中找到答案。比如，銷售人員說錯了一句話，或者在某方面有失誤，客戶往往會借題發揮，從而給銷售人員帶來威懾，進而讓你產生心理震撼。

對此，在與客戶打交道、相處時，必須正確對待和妥善處理他們發脾氣的問題。否則，很容易使對方火上澆油，激化雙方的矛盾，從而使一方或雙方遭受不應有的損失。

對待客戶發脾氣的正確態度是：只要對方不是有意侮辱人格，或故意找碴，你應該以忍讓為上。特別是當你在工作上出了差錯，客戶為此發脾氣時，你不僅應該忍耐，而且應主動表示認錯或道歉。

因為，事實證明，糾正一個人的錯誤的最好方法，與其說是和風細雨，不如說是適當地發點脾氣，只要不超過分寸，後者的教育效果往往優於前者。

假如，在客戶發脾氣時，你認為自己受到了委屈，也不應該當場頂撞和對抗，同樣應該忍耐。不同的是，你可等客戶冷靜之後再向其作解釋。當然，這是指比較重大的事情，對於一些不涉及切身利益和個人尊嚴的小事情，你則大可不必與客戶斤斤計較。

值得指出的是，那些在客戶對其發脾氣之後，特別是受到委屈對待時，能主動向對方表示親近的員工，將會被視為聰明的、有理智的人。這不是委曲求全，而是一種良好的素質修養。此時，最愚蠢的行為莫過於當場與客戶對抗、頂撞。

當然，對於那些品質惡劣、視他人為奴隸，動輒以發脾氣來壓服對方的客戶，我們並不提倡逆來順受。

具體的處理方法有三：

（1）「綿裡藏針」：即你可採取比較溫和的態度，強硬的措辭，向客戶表示反抗，比如，你可用和藹的語氣，向客戶說出一些有分量的話。

（2）「旁敲側擊」：即你可以採用「借喻」、「比喻」、「暗喻」等手法，向客戶表示反抗。

（3）「針鋒相對」：對於低素質的客戶，你不必過於忍讓。「針鋒相對」往往能使對方行為有所收斂。但是必須注意有理、有利、有節，不可隨意擴大矛盾。

溝通一定要講究技巧，對方發火時一定不要逆著來，把對方當成「順毛驢」。事後，再跟他好好溝通，才能在銷售工作中順風順水。

銷售攻心術

小心駛得萬年船，工作中力求做好上司吩咐的事情，盡量不去惹他，做好自己的事情。客戶真的發脾氣，忍耐、自我反省、總結教訓為主。

8．細心洞察人情世故

做一名成功的銷售人員，有一個精明的頭腦還遠遠不夠，還必須在做人處世方面有過人之處。就像李嘉誠一樣，他在商業上的成功，與其說來自精於計算，還不如說是做人的勝利，是他誠信待人、廣結善緣的結果。

我們常常可以聽到有人說生意不好做，現在是買方市場，賣東西很難。但是只要想出一個打動人心的細節，就能夠改變局面，獲得成功。

一生跨越19世紀和20世紀、且長壽活到91歲的英國著名作家毛姆，留給了世人《人性的枷鎖》、《月亮與六便士》等著名長篇小說。然而，使他在世界上獲得更大聲譽的還是他的短篇小說。但誰知道，這位大名鼎鼎的小說家在成名之前生活拮据，常常餓著肚子寫小說。

這一天，眼看就要「山窮水盡」了，毛姆不得不厚著臉皮，來到一家報社廣告部。找到主任後，毛姆結結巴巴地說：「先生，請幫我一把吧……我要推銷我的小說……想來想去只能求助於報社登廣告了……還想請您幫忙，在各大報紙上都刊登。」

「各大報紙？」廣告部主任驚訝地瞪大了眼睛，「親愛的毛姆先生，您有那麼多錢嗎？」

「有，這廣告刊登後，我的書肯定會暢銷一空的。您肯幫我先墊付嗎？到時候我一定加倍還您。」毛姆滿臉自信。

廣告部主任迷惘地還沒有反應過來，毛姆卻已遞上了早就擬好的廣告詞。只見這位主任慢吞吞地接過來，漫不經心地瞟了一眼，頓時把眼睛瞪大了，他一拍桌子大聲說道：「好！這主意太棒了。我幫你的忙！」

第二天，各大報紙都同時刊登了這樣一則徵婚啟事：「本人喜歡音樂和運動，是個年輕而又有教養的百萬富翁，希望能和毛姆小說中的主角完全一樣的女性結婚。」

猶如一瓢水潑進油鍋，女性讀者不等讀完第二遍啟事，拔腿就衝向書店，爭購毛姆剛出版的那本小說。回到家，她們紛紛關起門來細細閱讀，捫心自問像不像毛姆小說裡的女主角。猶如鏡子般平靜的水裡掉進了沸騰的油，男性讀者一邊心急火燎地趕路，一邊暗暗盤算，快買一本毛姆的小說，看看毛姆小說中的女主角是什麼樣子，猜猜自己的女友現在是什麼心理狀態，也好對症下藥，免得自己的女友投入那百萬富翁的懷中！

三天後，整個倫敦的所有書店依然擁擠著急欲購買毛姆小說的讀者，但營業員只能扯著嗓子嚷嚷：「沒有了，沒有了，本店一本也沒有啦！我們已向出版社增訂，很快就會印出來的。」

毛姆拮据的生活不再拮据，那廣告部主任原本富裕的荷包更加飽滿——都是靠這則奇妙的徵婚啟事。

有的人在「山重水複疑無路」時，能「柳暗花明又一村」，靠的是對世事人情善於洞察，善於謀略思考。故事中的毛姆在生活拮据到「山窮水盡」時，之所以能改變生活的窘迫，就在於他非常瞭解讀者的心理需要，根據這一點展開想像和聯想，生發出了一個靈感。

善於運用細節和謀略的人，常常對人情世故瞭若指掌，能夠借助於直覺思維尋求擺脫困境的方法。毛姆的「啟事」集中說明了這一點。即女性讀者急欲知道自己是不是像毛姆小說裡的女主角，男性讀者急欲知道自己的女友是不是會投入那百萬富翁的懷中。這一切都是因為「利」，即表面上的「年輕而又有教養的百萬富翁」實質上的銷售小說而得的稿酬。

成為一名出色的銷售菁英，學會做人是一個必須的前提，換句話說，就是未學做事，先學做人。只有先成為一個值得信賴的人，別人願意和你交往，才有可能成就一番大事業。這是聚攏人心、成就大事的智慧。

商場上，世情才是最大的學問，一輩子都學不完。世情學問中隱藏的經商、銷售智慧，可以概括為下面幾點：

（1）厚道做人，廣結善緣

銷售人員要以忠厚為本，只有厚道才能給人信任感，建立起長久的買賣關係，方能賺到錢。一個成功的銷售人員必定是君子，而不是小人。那些表面上看來猴精鬼靈的人，是不適合做銷售工作的；就算是有了點成果，也不過是一些騙錢的騙子罷了，終究還是得不到客戶的信任。

（2）真誠相待，贏得信任

「以財交者，財盡而交絕；以色交者，色落而愛移；以誠交者，誠至而誼固。」某種意義上說，客戶至上並不是說給客戶聽，而是說給自己的內心聽，讓內心將其消化，然後散發到點點滴滴的行動中，「潤物細無聲。」這一點的關鍵是對對方的理解，無論怎樣的朋友或夥伴，他們所以與你相交、合作，都是或多或少有利益要爭取的，切不可因此而看不慣。理解後才能真誠相待，才能平平淡淡地把人情做到點子上，讓人真正感到你的友善。

銷售攻心術

一定不要忽視每一個小小的富有人情味的細節和舉動，或許那正是我們人際關係和事業成功的關鍵。

第三章

誘心術——點燃欲望，讓客戶從觀望者變為購買者

作為銷售員一定要記得，把自己放在客戶的立場來看問題、想事情：「假如我作為客戶，會因為哪些因素來選擇一樣產品？」「客戶在選擇產品時都會持著什麼樣的心態？」經常問自己這些問題，就可以想客戶所想，才能真正做到讓客戶下決心簽單。

1．充分瞭解顧客的購買動機

在推銷當中，銷售人員若能做到激起顧客的好奇心，使顧客迫切地想知道他說的那個好東西究竟是什麼，推銷也就是舉手之勞的事。當然，若在必要時，銷售人員又不失時機的加以示範，從而證實那東西確實不錯，使顧客根本沒有機會產生任何拒絕的想法，推銷的成功性就會更大。

銷售人員金克拉推銷的廚房用具之一是鍋子。有一次，金克拉因違反交通規則被罰款30美元，那時的30美元還是一筆很可觀的數字。那天，他拿著罰款通知單去繳罰款，當他把錢交到那位處理罰款通知單的小姐手中時，他忽然有了一個念頭：如果能夠巧妙地抓住這個機會與她搭上關係，也許能彌補這筆損失，即使不行，也沒有什麼損失。

於是他對小姐禮貌地說：「我想打聽兩件事，可以嗎？」

小姐微笑著答道：「請講吧。」

金克拉問道：「你大概是單身生活的吧？我想你大概也存了一點錢吧？」

小姐說：「嗯，是呀。」

金克拉神秘地說：「有一件非常好的、以後你一定用得上的東西，如果你看了喜歡它的話，你會願意每天省下25美元把它買下嗎？」

「嗯，我想可以。」

「那件東西實際上放在我的車裡，那是非常漂亮的東西，確實是件好東西，不但你現在需要，你以後的生活中也會經常使用的。為了讓你看看那件東西，能否占用你5分鐘的時間？」

「嗯，我願意看看。」

「那麼，就請稍等一下。」

金克拉趕快跑到汽車裡，將那套鍋子的樣品拿來。接著，儘管時間很短，他還是熱心地進行了示範表演。隨後他問那位小姐是否需要訂貨。

那位小姐把目光轉向一位比她大10歲左右的已婚婦女，問道：「如果您處在我的位置，您將怎麼辦呢？」

沒等那位婦女回答，金克拉緊接著說：「對不起，我先說幾句，請問，如果您站在這位小姐的立場上考慮問題，您將會怎麼辦？實際上，您是已婚婦女，結婚以後您所負擔的費用會隨著家庭人口的增加而加重，我想這些您是完全知道的。請您想想，如果您在結婚之前，能遇到像現在這位小姐可以得到一套這樣漂亮鍋具的機會，您會怎麼辦呢？」

那位婦女毫不猶豫地道：「如果是我，就將它買下來。」金克拉就問那位小姐：「這也應該是你想要做的事情吧？」

小姐微笑著回答說：「嗯。」

於是，金克拉得到了那位小姐的訂貨簽單。

金克拉寫完那份簽章後，又問已婚的那位婦女：「雖然在10年前您沒有遇到這樣的機會，可是總不能讓您和您的家人以後一輩子也不使用這樣的好鍋吧！」

「嗯，那倒是。」

「您大概也同樣想買這套鍋吧？」

「嗯，是的。」

就這樣，金克拉很輕鬆地又做成了第二筆生意。

試想，如果金克拉最初就開門見山地問小姐：「你想要一套鍋嗎？品質非常好的鍋，要嗎？」他還能做成這筆買賣嗎？肯定不能！他的成功在於先激起了對方的好奇心理，使對方迫切地想知道他說的那個好東西究竟是什麼。當他得到許可拿出樣品後，又不失時機的加以示範，從而證實那東西確實不錯，使對方根本沒有機會產生「原來只是一口鍋呀」這樣的想法。

生活中，很多人買東西都抱著一種「被人求」的心態，給很多銷售人員帶來很多的困難，也不知道該從哪裡做切入點來開始推銷。這種情況下，就一定要吃準顧客的購物心理，找到每個人獨特的心理特徵，如老年人喜歡東西耐用，年輕人喜歡產品新潮有特色，家庭主婦們對家居用品都很感興趣，從每個人不同的喜好和購物趨向著手，就非常便於話題的切入。

銷售攻心術

推銷的藝術首先就在於把握顧客的購物心理，從他們關心、感興趣的地方入手，激起他們的好奇心和求知欲，就可以為自己找到抓住顧客的矛頭。

2．妙用顧客的攀比心理

攀比效應，從經濟學角度來說是一種趕時髦的心理，它表示的意思是自己想擁有一件幾乎所有的人都已擁有了的商品。攀比是一種心態，反映的是一個人的生活追求，當別人擁有的時候自己也想擁有，而更多的時候是當別人沒有的時候自己也想擁有。

公眾的主要消費心理有：從俗心理，即入境隨俗，消費行為上的趨同心理；同步心理，即我們通常所說的攀比心理；求美心理，指人們在消費活動中追求美好事物的心理傾向；求名心理，指某些消費者希望借助名牌商品提高自己社會地位的心理傾向等等。

這些心理類型並不分屬於不同的人，而是不同程度地存在於每一個消費者的心中。當一種產品滿足了顧客某一類心理需求時，就會誘發他的購買動機。

成功的銷售員做成買賣的策略之一就是懂得利用顧客的攀比心理。很多時候顧客面對銷售員推銷的產品總是猶豫不決，遇到這樣的情況，銷售員要做的就是激發顧客的購買欲望，有時候採取一些謀略也是必要的，如巧妙的利用顧客的攀比心理。

某品牌服裝店，專櫃小姐向進店的客戶介紹最新上架的衣服。

專櫃小姐：「你好，請問你想買哪種類型的衣服？」

女士：「眼看著天涼了，我想買件風衣。」

專櫃小姐：「你真是想得周到，恰好我們店裡也有準備，剛剛進了幾款樣式新穎的風衣，我帶你到這邊看看。」

專櫃小姐說完就帶著女士走到了風衣貨架前。

專櫃小姐：「這幾個款式都是今年最流行的，而且做工也是數一數二的，更難得的是與以往的設計不同，你看這幾款衣服，設計前衛而且頗顯端莊，你穿上一定會更顯高貴大方。」

女士試穿著衣服出來了：「嗯，這衣服的確不錯，樣式也挺好的。」

專櫃小姐：「我想你是喜歡這款衣服的，也挺適合你的，而且更加凸顯了你的高貴氣質。」

女士：「是嗎？那這個不便宜吧？」

專櫃小姐：「這是最新款，肯定要貴點。」

女士有點猶豫地說：「這樣啊，我想再看看別的。」

專櫃小姐：「嗯，這個價位是比別的要貴些，昨天○○局長的夫人也來試了這件衣服，結果她嫌價格太貴去別家了，現在來看這衣服確實有點貴……」

專櫃小姐的話還沒有說完，女士就開口了：「幫我包起來吧。」

服裝店的專櫃小姐抓住了顧客的攀比心理從而達成買賣，既沒有多餘的言語要求女士買衣服，也沒有過分地誇大自己的產品，而是輕輕地說了句「○○局長的夫人嫌價格太貴」，這一說就勾起了顧客的攀比心理。顧客或許會想：「局長夫人嫌貴，那我就要買，說明我比她強……」顧客一旦有這樣的心理，就很容易讓銷售人員的計謀「得逞」。

很多人都奉行「人爭一口氣，佛爭一炷香」的觀念，這種觀念在消費領域裡的表現也是經常見到的。許多人在消費方面往往因為攀比心理而購買超出自己能力範圍的很多東西。因為愛面子，所以他們就愛攀比。也正是因為這種攀比心理讓許多銷售員才有可乘之機。

銷售人員在面對客戶的時候也要記得經常激發顧客的攀比心理，比如說：「○○公司的經理也看過我們的產品，可惜他沒有眼光能看到產品的獨特優勢，也沒預料到其長遠效益的巨大空間，但我相信貴公司一定會獨具慧眼，成為本產品的伯樂。」

在這樣的恭維和自我滿足情緒下，顧客大多會忽視產品使用價值本身，而是更加注重他的個人價值為人所知。這種說話技巧就可以迅速打開客戶心扉，瞬間拉近你和客戶間的距離，從而促成一筆生意。

銷售攻心術

瞭解客戶的攀比心理，就可以適當運用這種心理來影響客戶的決斷，滿足個人對好勝心、攀比心的需要，就可以讓你的推銷更容易成功。

3．激起顧客的貪婪心

人們在購買東西、花了錢的時候，都希望讓自己在雙方交換中更能獲利多一點，多占點便宜，心理就特別舒服。這其實是一種顧客的貪婪心的表現。很多商家推出促銷活動，「買二送一」、「半價折扣」，都是利用人們的這種消費心理來實現短時間內產品銷量的增加。激起顧客的貪婪心，總是最有效的促使客戶購買的手段。

坐落在日本中山湖畔的該飯店曾經貼出了這樣的一則告示：「歡迎投宿本大飯店，倘若您在這裡看不到富士山頂滿一小時，我們就將分文不收您的費用。」

告示張貼出去以後，顧客爭先恐後地從各處前來投宿。有的客人住下後，整天盤算著：明天也許會有雨，只要一下雨，自然就不會看到富士山山頂了。有的客人原本只打算住個4、5天，而一旦有了不用付分文住宿費用的想法，於是便一天天地延長了留宿的時間。而且，像這樣抱有僥倖心理而多住了很多天的顧客不在少數。

就這樣，說不清楚是什麼原因，無論是想占便宜的天性，還是一種類似於賭博、一決輸贏的刺激，反正，這家飯店一直都是客人如雲。然而這倒成全了飯店老闆。據該飯店經理說：「我們試辦了三個月，結果，客人們一天也沒有遇到看不見富士山頂的日子。」也就是說，沒有一位客人享受到了免費住宿的優惠。

這是一則非常高妙的廣告。他們從顧客想省錢又想占便宜的這種心理出發，即使顧客知道這樣的條件可能會很難實現，但是仍然抱有一種僥倖心理，雖然貪婪會讓自己中了圈套，也甘心願意一試。

聰明的商家總會明白激起顧客貪婪心，用看似吃虧的方式招徠顧客其實是會帶來更大的效益。北京地鐵有家每日商場，每逢節假日都要舉辦1元拍賣活動，所有拍賣商品均以1元起價，報價每次增加5元，直至最後定奪。

這種由每日商場舉辦的拍賣活動由於底價定得過低，最後的成交價就比市場價低得多，因此會給人們產生一種賣得越多，賠得越多的感覺。殊不知，該商場用的是招徠定價術，運用的就是顧客想占便宜的消費心理，以低廉的拍賣品活躍商場氣氛，增大了客流量。只要把顧客吸引到商場來，那麼眾多的商品就總會激起一些其他購買需求的增加。雖然減少了一些產品的利潤，卻帶動了整個商場的銷售額上升。

值得注意的是，很多商家喜歡使用這種「打折扣吃小虧，抬高價占大便宜」的策略來迎合買方心理，但其實在此之前早已經抬高了價格，留足了餘地。

因此，銷售人員在推銷自己產品的時候也要注意這一點，客戶都希望盡最大可能壓低你的價碼來為自己爭取更多的利益，即使你給出一個非常低廉、公平的價格，他們也覺得你還可以讓出更多。因此，在談判過程中，一定要注意先留好商量空間，再透過一些表面很「吃虧」的退讓和優惠來讓客戶覺得是撿到了大便宜，「這個價格很公道」，讓客戶感覺到了這一點，就算是推銷成功了，相信90%的人都會被這樣的「優惠」吸引住的。

銷售攻心術

客戶的貪婪心理是一種常見的消費心理，但這並不總是會損害商家利益，只要懂得適當地運用這種貪婪心，施行一些簡單的策略，就可以輕易地掌握主動，使推銷大獲全勝。

4．為客戶提供最大的便利

獅子生病了，牠不願出去尋找食物，就想了一個辦法，在洞口放一些雞毛和青草。這樣，無論貪吃的狐狸和好吃的羊每次都會自找上門，來給獅子當點心。

獅子的計畫之所以能夠得逞，就在於牠知道狐狸愛吃雞，羊愛吃青草，給牠們最需要的東西，就可以不費吹灰之力勾引牠們上鉤。

在推銷當中，同樣的，我們也要給客戶提供最大的便利，說明自己的產品所能滿足他們的需求，然後再去就產品本身進行推銷活動。這樣，推銷也就會容易多了。

日本旭光電腦公司銷售人員大村博信最近苦悶極了，自己在推銷電腦時口若懸河，將產品的性能和優勢描述得淋漓盡致，但是客戶們反而一個個就是不吭聲。

電腦推銷不出去，這日子怎麼過？他垂頭喪氣地走進一家餐廳，悶悶不樂地取過酒自斟自飲。這時，鄰桌上發生的一件趣事把他吸引住了。

一位太太正帶著兩個孩子吃午餐，一個胖乎乎的男孩長得結結實實的，什麼都吃；另一個瘦瘦的女孩則皺著眉頭，舉著雙筷子將盤子裡菜翻來撥去，看來是個挑食的孩子。

這位太太有些不開心，就輕聲開導小女孩：「別挑食，要多吃些菠菜，不注意營養怎麼行呢？」連說了三遍，可是這個小女孩偏將嘴巴噘得老高。太太漸漸滿臉怒容，反反覆覆以手指叩桌面，卻始終一點辦法也沒有。

大村博信喃喃自語：「這位太太的菠菜跟我的電腦一樣，『推銷』不了嘍。」正說話間，一位年輕服務員走近那女孩，湊著她的耳朵悄悄說了幾句話。不一會兒，那女孩竟然大口大口地吃起菠菜來，而且邊吃邊斜視著哥哥。

太太很納悶，就把服務員拉到一邊問：「您用了什麼辦法，讓我那頑固的女兒聽話？」

服務員滿面春風地說：「馬不想喝水的時候，得先讓牠吃些鹽，牠口渴了就可以牽去喝水。我剛才激妹妹的將：『哥哥不是老欺侮你嗎？如果你吃了菠菜，就能長得比他更壯更有力氣，到那時候，他還敢碰你嗎？』」

旁觀的大村博信倏然感到醍醐灌頂，不禁暗暗稱絕：「太妙了，自己的電腦推銷不用愁啦！」他馬上舉起酒瓶，咕嘟咕嘟一口氣喝乾了一瓶啤酒。

第二天他敲開一家紡織公司採購部負責人辦公室的門。

大村博信不再滔滔不絕地自我吹噓，而是微笑著問：「先生，貴公司目前最關心的是什麼？您有什麼事解決不了而煩惱嗎？」

對方嘆了口氣：「承蒙先生這麼關心，我就直說了吧，我們最頭痛的問題，是如何減少存貨，如何提高效率。」

聽到這裡後，大村博信馬上回到電腦公司，請專家設計了一整套方案來實現如何使用自己公司的電腦，來使紡織公司存貨減少，增加效率。

又過了幾天之後，大村博信再度去拜訪紡織公司採購部負責人，邊出示那套方案資料，邊熱情地介紹：「先生，我們的這套方案非常可靠、實用，如果您這麼做了，我們很有信心這將極大地改善貴公司目前的狀況。」

那採購部負責人忙翻開那些資料，立刻喜上眉梢：「先生，太感謝您啦。資料留下，我要向上級報告，我們肯定要購買您的電腦。」

後來，他果真下了一大筆訂單給大村博信。

由此可見，能真正為客戶解決實際問題的產品推銷是會為你的生意大大加分的。那麼，要實現這種推銷方式，銷售人員應該注意以下幾點：

（1）在推銷之前一定要做好調查工作，做到知己知彼。

（2）先別急於推銷，要以對方的需求為重。

（3）推銷的產品一定要跟對方的需求聯繫起來，否則滿足再多的需求也達不到推銷的目的。

（4）要把滿足對方需求當作是自然而然的事，不要給客戶為了報答你的說明才購買你的產品的感覺。

銷售攻心術

只懂得將產品性能介紹給客戶的銷售人員不是成功的銷售人員，只有設法滿足客戶需求，真正地讓客戶看到產品的實際效用，比一切誇誇其談都要更有說服力。記住：滿足客戶需求就等於滿足自己需求。

5．快成交的時候要善於讓利

古語說：天下熙熙，皆為利來；天下攘攘，皆為利往。千百年來，商人們一直抱定著一個宗旨：「無利不起早。」沒有利潤的事情商人們是不願意涉足的。

但是，事業的發展必須建立在與人合作的基礎上，要善於利益分享，分配利益的時候要善於讓，這才是做大事者的風範。對此，銷售人員要有深刻的體察。

華人首富李嘉誠是一個朋友眾多的商人，他深知「眾人拾柴火焰高」的道理。為了取得共同的利益，他敢於給員工讓利，也樂於幫助合作夥伴做成大買賣。

李嘉誠很顧及下屬們的利益，當事業有發展的時候，會及時讓下屬分享利益。例如，馬世民離職前，在和黃集團的年薪及分紅共計有1000萬港元，這個數字相當於當時港督彭定康年薪的4倍多。至於馬世民的其他非經常性收入，則很難計算。商人在商言商，皆為利來。但李嘉誠懂得體恤下屬，他沒有獨吞這筆鉅款，而是讓下屬分享利益，從而使集團形成了更強的凝聚力。

在大規模的商業競爭中，李嘉誠最擅長的就是與朋友合作，很善於為他人謀利，既能使對方有利可圖，又能在合作中壯大自己，成為合作中的大贏家。

當有人問李嘉誠，經商多年，最引以為榮的是什麼事情時，他說：「我有很多合作夥伴，合作後，仍有來往。比如標得地鐵公司那塊地皮，是因為知道地鐵公司需要現金……你要首先想對方的利益。為什麼要和他合作？你要說服他，跟自己合作都有錢賺。」這就是李嘉誠善於「讓」的直接體現。

一個人如果總是和別人爭奪利益，最後只能是四面楚歌，無法贏得信任與支持。現實生活中，的確存在這樣一種人，一旦看到有利可圖，馬上見縫插針，打擊那些有可能與自己成為競爭對手的人。這種人，有可能得逞於一時，在短時期內獲得一些微小的利益，但是，從長遠看，他們一定會得不償失，敗下陣來，甚至有可能敗得很慘。

這是因為，一方面，他們在競爭的過程中對每一個競爭對手都不放過，久而久之，不僅引起了競爭對手的憤恨，而且引起了「公憤」，觸犯了「眾怒」，因而變成如過街老鼠一般，人人喊打；另一方面，他們在無休無止的競爭中損耗了自己的實力，暴露了自己更多的缺點，所謂「殺敵一千，自傷八百」就是說的這一道理，此時，只要競爭對手略施小計，便可置之於死地。

只有在生意合作中抱著「與人分利則人我共興」的態度，與他人積極合作，才能有領導團隊、掌握競爭主動權的可能。

利益一致，既是一種胸懷，也是一種商業策略。做事之前先給合作者一個利益的激勵，人家才會做得有勁，而自己的利益也就盡在其中了。

做推銷也是一樣，不要只會一味地為自己撈好處，占便宜，計較於短暫的得失就無法將眼光放得長遠，就無法看到長久的合作所帶來的更大的效益。

在雙方談判中，誰都想盡量讓對方退一步，讓自己得到的多一點，這時，絕不能抓住一點利益不放手，這樣將非常容易導致談判破裂或合作關係的終止。

在馬上就要達成協議的時候，適時地退讓，會讓對方看到你的誠意和大度，有利於促成生意的成功，也會在以後的合作中贏得對方的好感。因此，在快成交的時候銷售人員一定要學會「讓」。

銷售攻心術

今天，「利益獨占」已變得越來越不可能，明智的作法不妨「利益均沾」，這樣才能保持久遠的合作關係。相反，光顧一己利益，而無視對方的權益，只能是一錘子買賣，慢慢將關係做斷做絕，最後弄得自己無路可走。

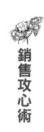

6．充分利用衝動這個「魔鬼」

日常生活中，消費者的衝動性購買行為非常普遍。簡單來說，衝動性購買是消費者事先並沒有購買計畫或意圖，而是在進入商店後基於特定情境產生情緒化的購買欲望並立即付諸實施購買。

研究表明，62％的超市購買，以及某些類別產品80％的銷售，都來自於衝動性購買行為。隨著經濟的持續增長、居民收入的提高以及零售業的迅猛發展，消費者的購買行為中衝動性購買的比例將越來越大。

衝動性購買理論是建立在消費者決策理論基礎之上，要從情感的角度對這種行為進行分析。這個觀點假定消費者可能會把一些高參與度的情感，比如喜悅、愛、恐懼、希望、性和幻想等同購物行為聯繫起來。

由於很多衝動型消費者是情感驅動型的，他們在購物前，沒有進行仔細搜索和深思熟慮地評估，而是衝動性地、心血來潮地購買很多計畫外的商品

市場活動包括產品本身（如產品包裝、尺寸和產品保證）、媒體廣告、促銷活動、價格政策（減價和打折）和產品分銷。市場活動可以是宏觀層面的（針對大眾媒體），也可以是在微觀層面上（如店內廣告、售點陳列、店內促銷活動和店內購物環境等）。因此，一個規劃良好的市場戰略將透過刺激消費者的衝動性購物來提升銷售。

下面是一則《經濟學人》網頁的廣告：

歡迎光臨《經濟學人》徵訂中心，請選擇你想訂閱或續訂的方式：

電子版：每年59美元。包括《經濟學人》網站全年所有線上內容及1997年以來各期《經濟學人》所有線上內容的許可權。

印刷版：每年125美元。全年各期印刷版的《經濟學人》。

電子版加印刷版套餐：每年125美元。全年各期印刷版的《經濟學人》加全年《經濟學人》網站所有線上內容及1997年以來各期《經濟學人》所有線上內容的許可權。

在麻省理工學院的斯隆管理分院，100個學生選擇的結果是：

A單訂電子版59美元——16人

B單訂印刷版125美元—0人

C印刷版加電子版套餐125美元—84人

是的，按照我們的正常思維，誰會選擇B呢？所以乍看之下，B選項的存在本身就十分的荒唐。所以，我們可以推測，就算把B選項去掉，也不會影響其他選項的選擇。而現實情境中真的把B選項去掉後，結果卻是這樣的：

A單訂電子版：59美元—68人

C印刷版加電子版套餐：125美元—32人

看到這種情況，相信大家都在心裡驚嘆，一個無用的選項怎麼會對最後的選擇有這麼大的影響呢。因此，「單訂印刷版125美元」這一選項，絕非無用，而是一個「誘餌」，它本身的出現並不是為了被選擇，而是增加其他選項（「印刷版加電子版套餐」）被選上的機率。

除了「誘餌效應」，還有很多因素也都在影響著我們的消費決策，如從眾效應，最後期限，安慰劑效應，刻板印象等等。這些情況均表明，在進行決策的過程中，由於人類自身認知、資源和獲取信息量的受限，「理性」判斷會被許許多多的因素影響，使得我們做出「非理性」的決定或行為，這也是我們會發生衝動購買的一個重要原因。

這就為所有的銷售人員提供了一些啟示：買賣總是容易夜長夢多，市場上相似產品的競爭跟快速的更新換代都是影響推銷的重要因素。因此，在跟顧客的洽談過程中，一定要一局定勝負，拿出產品最大的優勢，用最吸引人的策略和促銷手段，充分利用衝動這種心理，快速促成合作。

銷售攻心術

衝動性購物這種心理在日新月異的促銷手段當中，已經逐漸成為帶動銷售額的一種重要手段。作為銷售人員，一定要把握客戶這種購買心理，運用得當的話，就可以提高推銷的成功率。

7·讓顧客體驗和試用產品

在眾多銷售形式中，能讓顧客最直接的感受產品和服務的方式，就是讓顧客體驗和試用產品。只有這樣，才能真正取得顧客的信任，並為我們做口碑宣傳。

是什麼讓人們想起並記住你的產品？憑什麼人們會在某些場合自動推薦你？除了你給消費者留下愉快的消費經驗之外，非常重要的是，要在消費者中埋下口碑的種子，要讓人們主動去和別人交流，並推薦你，這些依賴於商家提供給消費者的增值服務，甚至是一些附加的東西，這就好像吃東西一樣，只有令人回味無窮的東西人們下次才會繼續吃。

我們經常能在一些商場看到商家在進行體驗活動。比如說某個化妝品牌，他們會精心佈置一個舒適的環境，擺放整齊的桌椅，穿著統一服裝的銷售人員，鮮明的品牌形象。一些非常昂貴的化妝品樣品分門別類的被展示出來，銷售人員們招徠顧客的方式就是邀請一些有某種皮膚問題的顧客來進行現場體驗，透過對某種產品的試用，來拉近與客戶的距離，增加產品品牌的親近感，以此來展示產品的優良品質。

在這些活動中，很多顧客都會想：既然是免費的，何樂而不為呢？或許真的有效果也說不定！於是，很多人都很積極地參與，感覺到效果還不錯的，就會進行選購。在回到家裡之後，他們也非常願意把這種很有意思的體驗告訴自己的同事和朋友，口碑上的宣傳就這樣擴散起來，其帶來的效益遠比做活動所花費的要多得多。

人們在體驗和試用的過程中，都會普遍地拉近與產品之間的距離，使得推銷更有說服力。

除此之外，在體驗之後，還要記得用一些其他的附加方式來賺取客戶的忠誠度。比如贈送超乎消費者意外的小禮品，人們在購買你的商品時，如果獲得這種意外收穫，他們往往就會非常愉悅，並會向別人展示自己的物有所值，因此，和你的產品相關的小筆記本或者是印有公司標誌的雨傘、襯衫等，甚至一些消費者喜歡的小禮品，比如鑰匙環、掛曆、電話卡等都是非常好的幫助你挖掘潛在顧客的手段。

在日本的眾多公司中，以生產女性內衣、胸罩、鞋襪等產品為主的夏璐麗公司便是運用讓顧客體驗和試用的方式做銷售的典型。

夏璐麗公司透過對婦女心理的細緻分析，總結出這樣的結果：大部分婦女到百貨商店或專賣店購買內衣、胸罩時，都有一種羞怯心理。她們不願意讓別人看到自己試穿內衣的場面，因此經常不加試穿就買回家去，回去試穿後又常因不合適而再讓給別人。

夏璐麗公司針對女性顧客的這種心理，開創了家庭聚會式的售賣方式。具體來說，就是利用業務銷售人員，以家庭聚會的方式邀請親朋好友到家中作客，再利用這種機會試穿、試用夏璐麗公司生產的產品。由於彼此之間大家都是熟人，試衣者就可以消除在陌生人面前的羞怯心理，在溫馨和悅的氣氛中根據自己的體型選擇合適的產品，最後做出決定是否購買這件產品。

這種售賣方式受到了廣大的女性消費者的喜愛和推崇。緊接著公司為了進一步發展這種銷售方式，還做出了這樣的規定：在聚會中，凡購買商品數量達一定數額日圓以上的顧客，就有資格成為該公司的會員。成為會員的人在下次購買該公司的產品時，可享七五折優惠。

就這樣，夏璐麗公司以其獨特的銷售方式，讓顧客在溫馨放鬆的體驗和試用中，獲得了非常滿意的消費經驗。而其相關的優惠政策也更進一步地增加了其銷售額。

銷售攻心術

推銷的方式有很多種，讓顧客體驗和試用產品是最直接、最有說服力的方式之一。運用這種方式來為客戶帶來獨特的消費享受，就可以讓銷售人員事半功倍。

8．讓客戶覺得自己的優越是不可替代的

在談判過程中，有的時候對方做決定會非常拖沓。在這些拖沓的過程中，很多變故就有可能發生。因此，成交最好是速戰速決，絕不拖延才好，能當場敲定就要當機立斷。

一天，舒克拜訪了一家大公司的總部，這家公司是全球數一數二的大企業。在一連串的通信與電話交談之後，終於擬定了一個會面時間。舒克苦心安排這次會談的目的，是要對該公司的高級主管做一次推銷說明，允許舒克撰寫一本有關此公司的書籍。

舒克在會談開始前的幾分鐘抵達約翰・卡森的辦公室。在他們寒暄一番之後，約翰說：「羅勃，我個人十分支持你寫這本書，我想這對我們公司是很好的一次公關機會。」

「謝謝你，約翰，這真是好消息。」舒克回答：「我也同意你的說法。這將為貴公司

創造良好的商譽。」

「羅勃，我已經將它推薦給我們公司的董事會。但是你必須獲得他們的認可，否則事情還是行不通的。」

「這本書對你們公司來說是有利無害。」舒克自信地說：「我有信心他們會贊同的。」

「很不幸，羅勃，我並不認同你的自信。」卡森說。

「你不認同？」舒克問。

「現在，問題是，」卡森繼續說道：「每個人都真誠地認為你的書是一個好點子，但是今天董事會很難對此馬上做出任何決定。然後它就像一大堆其他的好點子一樣，在某個地方被埋葬起來。由於它不是我們公司第一優先的考慮事務，因此我們再也不會將它提出來討論。我要說的是，羅勃，即使你的書再怎樣不錯，除非它在今天通過，否則它將無限期地被擱置。我們有這麼多東西尚待討論，實在不可能再對這個問題討論一次。」

「在我還沒有入虎穴之前，這真是一個好的警告。」舒克露出蒼白的笑容說道。

「還有一件事，羅勃，」卡森補充道：「我們的會議在十點三十分舉行，馬克斯在十一點有另一場會議，他不能遲到，所以你大約只有25分鐘的時間來推銷你的書。」

雖然舒克有些緊張，但他還是想好了辦法。這個會議在一間美侖美奐的會議室進行。舒克首先以最謙卑最誠摯的聲音說道：「各位女士先生，我今天十分榮幸地在這裡和貴公司的高層經理人交流，貴公司是我們國家歷史上最優秀的組織之一。當我還是一名小男孩時，我便對這家公司仰慕不已。」

舒克這番話聽起來文藝腔十足，但是卻十分見效。他繼續說道：「所有貴公司的重要決定都是由你們做出的，因此對我這本書的認可便成為你們最容易做的小決定了。事實上，與那些真正的大決策相比之下，這無疑是一件最容易決定的事情。

我真的很高興你們今天能邀請我參加這個會議，因為在二十分鐘後我走出這裡時，我已經知道你們的決定是什麼了。這正是我對你們這些頂尖主管的仰慕所在，也就是你們能將公司管理得如此成功的原因。」

緊接著舒克逐章地說明這本書所要寫的內容，這項解說耗費了十分鐘。最後舒克又主持了五分鐘的問與答會程。

在他回答完數個問題之後，馬克斯說話了：「我看不出我們不放手讓舒克先生寫這本書的理由，他可以開始進行這本書了。有任何人不同意嗎？」

每個人都點頭表示贊同。卡森後來對舒克說：「如果我沒有親眼看到的話，我實在不會相信。我真的不認為在這場會議上，你的書會有任何機會能獲得通過。我恭喜你完成了一項不得了的推銷工作。」

一般來說，真正促成買賣的關鍵在於你在推銷開端與中場時所說的話。這種情形與大家通常的觀念剛好相反。買賣不一定是在推銷結束時才達成。注意，這個成交是在全美最有權威的主管群身上發生——舒克在他的人壽保險推銷生涯中，也慣常運用這種手法而和許多小型企業達成了交易。

他只要說：「我非常高興和您這樣的企業家做生意的原因，就是您有能力在當場做出決定。這正是自己主宰生意的企業人士和那些受雇他人的人士之間的不同之處。」

銷售攻心術

銷售人員在對顧客們做決定的能力大加奉承之後，大部分人就不想將事情拖延，也不想讓你存有他們無能力做出購買決定的印象。這種推銷技巧可被實際地運用到任何人身上。

第四章

馭心術——巧設心理陷阱，誘導客戶購買

做銷售要懂得客戶的消費心理，更要在此基礎上，利用客戶的某種心理來達到交易目的。做生意必須懂得佈局、入局，最後才會贏得勝局。根據客戶心理特點、心理需求制定銷售策略，牽著對方的鼻子走，就會一步步走向勝利。

1．當好客戶肚裡的蛔蟲

眾所周知，和珅在位期間，上下通達很是吃得開。究其原因，則是他能觀乾隆的臉色行事，思皇帝所思，做皇帝想做的事，可以說是乾隆肚中的「蛔蟲」。

其實我們從中可以看到一些現實意義：工作生活中，我們要想像和珅一樣飛黃騰達，那就必須獲得廣泛的客戶人脈關係，時刻與這部分人群保持一致才行。必須要洞悉客戶的所思所想，說得誇張一點，也就是要成為客戶肚裡的「蛔蟲」。

在很多人看來這似乎有些難，因為洞悉別人的思想絕不是一件容易的事情，更何況對方是我們的客戶。那麼，我們究竟該怎樣去踐行這一規則呢？

（1）清楚客戶想從你這裡得到些什麼

如果能夠瞭解到客戶對產品的期望，以及選擇你作為合作夥伴的關鍵因素是什麼，那你就贏了一半了。如果你知道對方需要的是什麼，那就別浪費時間去考慮別的事了，這樣既能節省你的時間，也能節省客戶的時間。

（2）給客戶所想要的東西

既然知道了客戶期望你做什麼，就要在盡可能的情況下滿足客戶的要求，並如期如數完成，即使有些東西你認為沒有必要去做。記住，額外的努力往往是你被選擇的最終砝碼。

那些認為他們的工作只取決於他們工作努力程度的人往往忽視了這種與客戶建立關係的技巧。你要與客戶處好關係，就要做出可能得到客戶積極反應的額外努力。

（3）瞭解你的客戶看重什麼

有的客戶非常注重為人處事的禮節，還有的人會對一個公司的誠信有很高的要求。因此，一定要瞭解客戶的個人喜惡和工作風格，做好他們注重的細節，這樣你就不必浪費時間去說服——或是更糟，要設法改變客戶對你的產品的印象和想法。瞭解什麼對他（她）起作用，什麼不起作用；然後相應的策略就較易成功。

（4）瞭解客戶的生理時鐘

在與客戶建立關係的時候，應找到一個合適的時機和場合。從這一點來看，時間的安排便是一切。讓你的客戶有充分的休息與恢復的時間，不要讓他們過於勞累或是壓力過大，這樣你得到的反應就會有很大的不同了。瞭解你客戶的生理時鐘。哪些是好的時機，哪些是不好的時機。然後抓住好的時機，將重要的事情向客戶提出。

（5）讓客戶看到他們是你最有價值的夥伴或朋友

正如我們與家人的關係一樣，只有我們將它看成是理所當然的事時，我們才不會為自己與客戶的關係感到頭疼。讓客戶看到你對他們的重視和誠意，看到你為這份關係所做出的努力，就能從內心改善他們對推銷的抵制情緒和忽視。

另外，要注意時刻與客戶保持溝通，透過溝通，不僅能使客戶瞭解你和你公司的工作作風、確認你的應變與決策能力、理解你的處境、瞭解你的工作計畫，這些回饋到他那裡的資訊，讓他能對你有個比較客觀的評價，並成為作為合作夥伴的考核依據。

成為別人肚子裡的「蛔蟲」，是一件很難的事，需要長期的磨礪和忍耐，更是一個鬥智鬥勇的過程。但是假如你能讓客戶老是眉開眼笑，讓他總是很滿意，那你這條蟲子就會變成一條龍。

銷售攻心術

在與客戶建立關係之前，一定要先從人心出發，先細細揣摩他人的喜好、為人風格。然後盡量迎合他，滿足他人的欲望，將對方想說而未說的話先說了，想辦而未辦的事先辦了，表現出最大的主動性，才能成為最被賞識的角色。

2．喜怒不要表露在臉上

有些人喜歡把喜怒哀樂全部寫在臉上。當別人得罪他們時，他馬上就表現得很不高興；而當自己得了便宜時，歡喜之情則全部寫在臉上，絲毫不懂得掩飾住自己的情緒，將內心想法收斂起來。這樣的人在銷售中，不容易馬上贏得別人的心，因為你的情緒全部可以被人看到，內心的真實想法會被人所知，做人就太沒有城府了。

自古以來，凡是成功者很少有因外界的事物而亦喜亦憂的。當然，人有時會高興，有時候不免憂愁，但千萬不要被情緒所左右。有高興的事，表現在臉上無妨，但悲哀的事就不要表現出來。因為將一切都表現在表面上，更會促使情緒強烈化，而不能忍受悲哀。如把忿恨表現在臉上，恨也會加倍。因此，做銷售的人，要善於懂得隱藏自己的情緒。

諸葛亮是三國中的風雲人物，他深謀遠慮，運籌帷幄。雖然說三國是一部男人的歷史，但是諸葛亮的髮妻黃月英卻在諸葛亮的一生中扮演著重要的角色。

傳說黃月英相貌極醜，但卻學識出眾，非常有遠見。在嫁給諸葛亮之後，她就發現諸葛亮在說話的過程中，總是很輕易地就會表達出自己的情緒，高興、憤怒等等，一眼就可以看出來。於是，黃月英便做了一把羽毛扇送給諸葛亮，在平時說話的時候可以遮住自己的臉，以避免諸葛亮的想法被人識破。

無論你遇到愉快還是悲傷的事，如果你能將一切埋在自己平靜的臉之後，凡事不形於色這樣別人會覺得：這個人似乎是泰山崩於前也面不改色，看來真實胸襟廣闊，氣度不凡。別人無法透知你的底細，會覺得你很了不起，也就為你自己做事、說話增加了一層說服力。

就像諸葛亮一樣，在著名戰役「空城計」當中，諸葛亮不費一兵一卒，僅憑自己鎮靜的琴聲和旁若無人的氣場就嚇退了司馬懿。這是一種心理戰術。在緊急關頭，就以大膽的冒險行動來造成敵人錯誤判斷，常能達到排難解危之目的。

銷售工作追求和氣，需要時刻注意客戶的感受，因此銷售人員必須收斂內心的真實想法，壓制多變的情緒變化，給客戶呈現自己陽光、積極的一面。尤其是在對外交涉談判時，銷售人員更應該具有從容鎮定、成竹在胸的泱泱大風。如果因為膽怯、對自己的產品沒信心，或者是個人情緒不穩而把持不住露出感情，那麼在客戶面前就如同自掀底牌一般，很容易就被對方控制，而屈居下風，形成劣勢。

「喜怒不形於色」，是要求你盡量壓抑個人的感情，而以冷靜客觀的態度來應付事情，有這種本領的人，才能在與人相處的過程中讓人受用，在處事的時候恰到好處。這樣的人不論經商、任事，往往能把事情處理得很妥當，是做大事的不二人選，也是成為一名出色銷售人員的必備素質。

銷售攻心術

喜怒形於色，不僅容易受到傷害，也等於把自己的心機告知他人，也顯示自己沒有城府容易成為他人把柄。要善於調控自己的情緒，不要將自己的喜怒輕易地外放，只有這樣才能在與人相處中保持一個從容自若的形象，也能幫助銷售人員取得談判過程中的有利地位。

3．開誠布公先消除客戶的戒心

生活中，人與人之間普遍存在著一種戒備心理。只有克服這一障礙，才能為建立良好關係打下基礎。

無論是大學畢業還是其他任何剛來到新工作環境的人，在工作的初始階段都會碰到這樣的情況：客戶對自己存有一種本能的心理戒備防線。這是由於陌生感和戒備心而產生的心理「禁區」，必須盡快設法予以消除才行。否則的話，會影響你與客戶建立正常的交易關係。

消除這個禁區的方法，就是取得客戶的信任。

西漢三傑之一的陳平，有一次隻身逃亡，船上的艄公看見他身帶寶劍，知道他是個軍官，就覬覦他的錢財，陳平怕他由於誤會而害自己性命，就故意脫了衣服光著膀子幫他搖櫓艄公見他除了一把劍之外，身無分文，也就不多費手腳了。

陳平曾為劉邦六出奇謀，功勞很大，這種讓別人「洞悉」自己的小計只能算兒戲。即使僅僅出於安全的考慮，以偽裝的面目出現也不一定就是最佳方法，有時倒還是把自己和盤托出，讓別人透徹地瞭解自己更加有效。

唐朝中興名臣郭子儀也是一位很能消除對方戒心，贏得他人信任的人。在他功成名就之後，一直保持這樣一種全無城府、一無遮攔的情狀。

郭子儀是平定安史之亂的首功之臣，被封為汾陽王，堂堂王府每天總門戶大開，任人出入，不聞不問。一次，屬下的一位將軍離京赴職，前來告辭，適逢他的夫人和愛女正在梳妝，只見她們差使郭子儀拿毛巾、端洗臉水，和使喚僕人丫鬟沒有什麼兩樣。將軍走後，郭子儀的幾個兒子都深感羞愧，一齊來勸諫父親以後分個內外，郭子儀就是不聽，孩子們急了，哭著勸父親自重。

郭子儀卻笑著對他們講其中的道理：「朝廷給我的爵祿已經很高了，再往前沒有什麼可追求的了，但往後退，也沒有什麼可仗恃的。如果我一直修築高牆，關閉門戶，和朝廷同僚不相往來，那麼萬一有人與我結下怨仇，誣譖我有貳心，再加上那些妒賢嫉能之輩在中間加油添醋，造成確有其事的樣子，那麼我全家九族都會粉身碎骨，到時候後悔就來不及了。現在我坦蕩無邪，四門洞開，即使有人想以讒言詆毀我，也找不到任何藉口來加罪於我。」

幾個兒子聽了，深深佩服，齊身拜倒在地。

郭子儀被唐朝史臣裴洎稱為「權傾天下而朝不忌，功蓋一世而上不疑」，這不能不部分歸之於他的這份厚黑功夫。信任是一切好感的基礎，它會將美好的色彩灑在你的身上。要想得到信任，必須在以下四個方面進行努力：

（1）誠懇而不虛偽

與客戶相處時，無論你是否與他存在事實上的交易關係，一定都要做到坦誠陳述己見、以誠相待。

（2）隨和而不固執

隨和的人，有人生的快樂，有眾多的朋友，對客戶不拘束不苟求，這樣反而更容易讓客戶欣賞自己，也能信任你。

（3）自信而不自卑

為了讓別人信任你，請先相信你自己。

（4）熱情而不冷漠

一是熱愛自己的工作，二是熱情地關心和幫助自己的客戶，積極地與他們溝通。

以上方法的核心就是，瞭解原因，對症下藥。最根本的就是讓對方放鬆警惕，巧加誘導。讓別人放鬆警惕，有一句話需要記住：人在爭取達到和保持與他人一致的過程中讓人產生放心的感覺。

銷售攻心術

在推銷中，雙方都容易有隱瞞利益的心理，要想破除對方的戒心不是件容易的事。不過，信任是可以培養的。在慢慢的接觸交流當中，交出自己的真誠，是被樂見的事情。只有消除客戶對你的戒心，才能在和諧的氛圍中實現生意的成功。

4．讓客戶為你心動

一見如故，相見恨晚，自古以來都被視為人生一大快事。銷售人員經常需要與陌生人打交道，贏得人心的方法就是一見傾心。俗話說：酒逢知己千杯少，話不投機半句多。善於跟客戶打交道，能夠說對的話，打動客戶的心，就是你們關係和生意的最好開端。

銷售人員跟顧客交往的關鍵是給人親熱、友善、周到的感覺，消除彼此之間的陌生感，拉近與客戶的距離。

在推銷時多數銷售人員都習慣這樣說：「先生，您需要○○嗎？」這種唐突的問話總是顯得很唐突，無法打動客戶，也常常會遭到拒絕。「空中汽車」收音機製造公司的貝爾納・拉蒂埃卻以別具特色的問候贏得了很多客戶的青睞，他總是善於打動客戶的心。

貝爾納是位著名的推銷專家，當他被推薦到「空中汽車」公司時所面臨的第一項挑戰就是向印度推銷汽車。這是件棘手的事情，因為這筆交易已由印度政府初審，沒有得到批准，能否重新尋找到成功的機會，就看特派員的本領了。貝爾納深知自己的重任，他稍做準備後就飛往了德里。

接待他的是拉爾少將。貝爾納到達印度後，對他的談判對手講的第一句話是：「正因為您，使我有機會在我生日這一天又回到了我的出生地。」這是一句非常得體的開場白，簡明扼要，同時也有著極為豐富的內涵。

他表達了好幾個方面的意思：感謝主人慷慨賜予的機會，讓他在自己生日這個值得紀念的日子來到貴國，而且富有意義的是印度是他的出生地。

這個開場白使貝爾納與拉爾少將之間的距離更近了一步。這就是智者的表現。這句話一下子就拉近了兩個人之間的距離，利用對印度的共同歸屬感，貝爾納獲得了拉爾少將的認同和同情。這樣，就順利的打動了客戶的心。結果可想而知，貝爾納順利地結束了印度之行，獲得了本次推銷的成功。

銷售人員與客戶間的關係是一種互相依存、通力合作的關係。因此，想要打動客戶的心，與客戶和平共處，要做到以下幾點：

（1）謙遜是金，謹言慎行，努力瞭解客戶的公司營運情況及經營現狀等等。讓客戶覺得你不只是為了做推銷才去與他們接觸，而是真的很希望能給他們的公司和生意支持和幫助。真心誠意的跟他們交流，會給客戶留下一個沉穩謙遜的第一印象。

（2）不要太頻繁接觸客戶，要給他們留下一定的空間。圍追堵截的推銷方式只會讓人反感，只在適當的時機和場合與他們進行真誠的洽談。從他們關心的事情入手，切忌開口閉口都是生意。沒有人情味的生意人並不是一個好的生意人。

（3）力所能及的幫客戶做一些本來與你無關的小事。順手帶一份午餐，在等待與客戶見面的時候幫他打掃一下辦公室，這些小事最能體現一個人的品質，也容易讓客戶看到你是一個實在、勤勞的人。有了對你個人的好印象，也就容易消除客戶對你的戒備了。

有位哲人說，世上有三種人：一種人離生活太近，不免陷入利害衝突；一種人離生活太遠，往往又成了不食人間煙火的隱士；還有一種人與生活保持一種恰當的距離，這種人就是豁達的人。追求生活而不苛求，寬容大度而不自私狹隘。只有這樣，才能俘獲客戶的心，才能夠與客戶保持融洽的關係。

銷售攻心術

與客戶相處，應以誠為本，像對待一個真誠的朋友一樣，看到對方的需求，幫助他度過困難。作為銷售人員，更應該學會透過說話來敲擊人們的「心鈴」，就是要傾注一些感情。缺乏真摯感情的交往，開出的也只能是「無果之花」，雖然能欺騙別人的耳朵，卻欺騙不了別人的心。

5．懂得利用客戶的弱點

有時候，推銷遇到難題，一籌莫展，那麼你不妨把眼光放到關鍵人物身上，尋找他的弱點。只要有的放矢，就能有所斬獲。因為，任何人都是有弱點的，要懂得利用人的弱點。

西元前266年，趙惠文王病逝，太子年少，趙太后攝政。第二年，秦國攻打趙國，攻占了三座城池。趙國向齊國求救，但是對方提出了苛刻的出兵條件：讓長安君做人質。長安君是趙太后心愛的小兒子，怎麼捨得讓他冒險呢！儘管大臣們反覆勸說，但是趙太后始終聽不進去。

有一天，大臣觸龍來見趙太后。太后以為他又要提及人質的事，就沉著臉默不作聲。然而，觸龍隻字不提人質，而是說自己年紀大了，腿腳不靈便，還關切地詢問太后的健康。趙太后看到這種情形，也和善起來。

太后說：「你年紀大了，就注意保重身體吧。」

觸龍說：「老臣也想好好休息一下，但是小兒子不成器，所以我想請您讓他當一名衛士，這樣我就放心了。」

太后說：「孩子還年輕呢，讓他多鍛鍊，有了功勞自然得到國家重用，我們哪能管他們一輩子呢？」

觸龍點點頭說：「是啊，父母常替孩子作長遠打算，卻忘了讓他們自己去磨練。不知道太后對趙國以後有什麼長久打算呢？」

太后憂慮地說：「我想讓長安君擔當重任，但是他年紀太小，不懂世事。」

觸龍停頓了片刻說：「太后可以回想一下，從現在向上推三代，國君的後代還有幾個人能夠繼位為侯呢？」

太后回答說：「已經沒有幾個人了。為什麼會出現這種情況呢？」

觸龍說：「這是因為國君的子孫大多祿厚無勞，沒有建立功業，所以無法掌握國家權力。就像現在的長安君一樣，太后只讓他在溫室裡生長，將來怎麼能管理國家呢？」

太后恍然大悟：「是啊，應該讓他好好鍛鍊一下了！就讓他去齊國做人質吧！」

觸龍抓住太后的心理，曉之以情，巧言進諫，幫助趙國緩解了危機。這種仔細拿捏對方喜好、弱點的作法，值得銷售人員借鑑。

這個世界上，最難莫過於求人辦事。與人打交道，尤其是作為銷售人員來說，你要明確客戶的利益訴求，摸準客戶的脾氣，找到他們的弱點。拿捏好分寸，只需耐心等待，就可以在某一時刻勢如破竹，成功達到預期目標。

在希臘長大的航業大王歐納西斯，十七歲時帶著一點微不足道的旅費，背井離鄉，遠渡重洋到阿根廷闖蕩。起初，他從事小生意，節衣縮食，逐漸有了積蓄。

後來，歐納西斯聯繫遠在希臘的父兄，從中東輸入菸葉。為了打開業務，歐納西斯每天都到一家香菸公司去，站在董事長室門口，求得合作機會。董事長看到歐納西斯每天站在門口，覺得很奇怪，但是也不好說什麼。三個星期後，這位董事長忍不住問：「你到底要做什麼？」

歐納西斯：「我要出售我的菸草。」

「噢，那麼，請你去採購處！」

董事長覺得這位年輕人有些可憐，也有些可取的地方，他就說：「等等，年輕人，我給你打個電話。」不久，採購處人員來了，董事長當面介紹歐納西斯，從而使這位年輕小夥子的商品也順利地打進這家公司。後來，歐納西斯賣給該司的菸草數量逐漸龐大，很快就開了一家香菸製造工廠。日後，他涉足航運業，成為了航運大王。

一個十九歲背井離鄉的年輕人，沒有一點人事關係，沒有一點門路，但是他默默站立三個星期，憑藉他的堅持，感化了這家香菸公司的董事長。人心都是肉長的，摸到了門道，就好辦事了。

銷售攻心術

遇到問題，費盡心力也一籌莫展。這時，你不妨放下一切，仔細研究一下客戶的喜好、習慣，以及他最近最煩心的事情是什麼。一旦找到突破口，並有針對性地採取對策，就很容易獲得突破。

6．好的銷售「話術」引導顧客入彀

在日常生活中，如果你與對方發生衝突，或不能用說服的手段來使對方就範時，不如順著敵人的意願，引導他發生錯誤。即在說話時，故意設置一種圈套，進了這個圈套，對方則犯了錯誤。設得巧妙，迷惑性大，誘惑力大，才能牽著對方的鼻子走。

一天，街上走著一位漂亮女孩，有位「摩登」男子見後緊隨其後。當女孩問他為什麼要跟蹤她時，男的說：因為妳太漂亮了，我非常愛妳。女孩說：「我的朋友就在你身後，比我還要漂亮。」男子回頭找了半天，也沒找到，於是追上已經走遠的女孩，質問她為什麼騙人。

這位女孩說：「不，是你騙了你，如果你真心愛我，那麼為什麼去追另一個女人，經不起考驗，還想跟我交朋友，請你走開！」

摩登青年被說得面紅耳赤，訕訕地溜了。

這位女孩之所以能制伏「摩登」花心男，是順著對方貪圖美色的心理，對方不知是計，卻去追更美的女孩，這就使其醜惡的嘴臉暴露無遺。女孩順水推舟，讓對方自暴其醜，達到了目的。

也許你有這樣的經驗，當你停步於百貨商店的專櫃前，數著錢包裡的錢，正在猶豫是否該買哪一件衣服時，如果對方是位精明的售貨員，她會暫時觀察正在迷惑的你，然後提供選擇說：「顏色方面，你是希望明亮些還是穩重些？」

事實上，你猶豫並非是由於顏色或款式的關係。但此時售貨員卻把你要購買作為既成的前提，直接展開第二階段的提問，這種「兩者必居其一」的提問，導致你忘記了剛才所猶豫的真正原因。最後，售貨員還會補充道：「這個，……就你的體型和年齡看，我建議你還是選擇色彩明亮一點的為好。」

如此一步一步地，你就會被誘導著以購買為前提來思考問題。這樣，你早先那是否要購買的選擇，不知不覺地就被她那或買明亮的或買穩重色彩的選擇所代替，而且還使你錯覺自己是做了一項自由的選擇。

暗設「陷阱」法還有一種方式是，提問人根據一般人對後來提出的問題印象最深的特點，有意識地將自己的真正要求放到後一選擇方案裡。這樣，對方在選擇了後一方案後，還不覺得是掉進了人家的「陷阱」，還以為是做出了一項明智的自由選擇呢。

第二次世界大戰期間，日本某家百貨商店讓售貨員逐次詢問採購客戶：「是替您把東西送到府上，還是由您自己帶回去？」

就只是這麼簡單的一句話，便使送貨的工作量少了70％。因為當你提問時，許多人不由自主地選擇了後者。購買的客戶心理總有一種優勢，所以不會輕易採納別人的建議，因此要善於運用策略，採取迂迴溝通的方式，才能提高推銷的成功率。

設陷阱誘敵入套可以大大減少正面進攻中的阻力，其成敗的關鍵在於「誘」字。但這種「誘」並不能簡單地看成是用假象迷惑、欺騙對方，而是誘導對方隨從自己的意願向真理低頭的方法。

作為銷售人員來說，說話的方法可以決定於客戶間的洽談成功與否。只懂得說服別人，並不能成為一個人說話的最高境界。只有善於因勢利導，循循善誘，為對方設置一個說話陷阱，把自己想要得到的答案透過他們的嘴說出來，才是最成功的說話方法。

有位保險銷售人員向一位女士提出這樣的一個問題：「您是哪一年生的？」

結果這位女士惱怒不已。這名銷售人員記取教訓，改用另一種方式問：「在這份登記表中要填寫您的年齡，有人願意填寫大於21歲，您願意怎麼填呢？」結果就好多了。由此可見一斑。

銷售攻心術

釣魚不能讓魚察覺鉤上的餌；捕獸不能讓獸發現浮土下面的陷阱。誘敵就範法是用別人意想不到的策略來取得攻心的勝利。

7．抓住客戶的「小辮子」

生活中的許多日常用品、用具都安有把柄，方便使用。在人情關係學中，尋找把柄、製造把柄也可以用於控制他人，使其為我所用，聽我調遣。

每個人都有死穴，這些死穴利用得宜便是很好的把柄。性格急躁者可用激將法，連他的趣味、喜好也可以被用作打開其欲望之門的鑰匙。只要拿他最喜歡或忌諱的東西去誘惑或打擊他，他就必定上鉤無疑，授你把柄。他人的隱私如緋聞、受賄、罪行等也可以使其受制於我。在談判、競選、糾紛中也常被使用，效力巨大無比。

1976年是美國大選年，總統候選人，共和黨方面，推出了現任總統福特出來角逐。民主黨方面，出現了卡特與愛德華．甘迺迪較量的局面。

甘迺迪憑其龐大的家族財勢，以及兩位兄長為國殉職的聲望，兼以擔任參議員多年的經歷，欲問鼎總統候選人的寶座，簡直可以說是探囊取物。

卡特以一花生農夫出身，雖有擔任州長的經驗，但顯然不是甘迺迪的對手。卡特眼見力攻無望，唯有計取。當時美國人民因水門事件的創傷記憶猶新，華府政治人物不名譽事件又層出不窮。

所以，狡猾的卡特就緊緊地抓住此一弱點，開始了一連串攻擊已死去的約翰・甘迺迪的行動。其中有調查甘迺迪總統對美國中央情報局謀殺外國領袖的陰謀知情，說甘迺迪總統在白宮裡面亂搞女人，甚至居然還有一位名叫艾絲納的女人，出面對新聞界大談她曾和甘迺迪總統上床的事。進一步又扯出一位黑手黨的首領，說他如何幫助甘迺迪違法當選等等。

這些宣傳的目的，無非是要醜化其家族的形象，抓住稍許捕風捉影的弱點，大肆宣揚，以達到打擊的目的。在這種猛烈的攻擊下，愛德華・甘迺迪果然招架不住，不得不宣佈退出角逐。

到了1980年，愛德華・甘迺迪和卡特兩雄再度交鋒，競爭民主黨的總統候選人。此時卡特為現任總統，他知道1976年的打擊策略已經不能再用，因為那些陳芝麻、爛穀子的舊帳，選民不會再有新鮮感。

所以，他就慫恿新聞記者抬出「柯魯珍事件」，說明愛德華．甘迺迪當年對溺水的女友見死不救的經過，這樣的一個人如何會有他自己所謂的「領袖氣質」呢？窮追猛打的結果，使愛德華．甘迺迪終於再度敗於卡特之手。

很多人認為，卡特之所以能兩度擊敗甘迺迪，主要是由於他善於打擊競爭者的弱點，尤其是善用情勢民氣，遙指問題的核心。不過，1980年因為他太過重視打擊同黨的甘迺迪，心力交瘁之餘，反倒對真正的對手、共和黨的雷根，找不到致命的弱點，以致敗陣下來，回喬治亞種花生去了。

競爭存在於各個行業和領域當中，銷售人員與客戶之間甚至也存在一種較量。銷售人員希望透過找到客戶最需要的東西來將自己的產品賣出去，而客戶則希望透過找到產品的不足和劣勢來壓低價格等等，以爭取最大利益。所以，在這種較量和角逐中，一定要找到一個關鍵點，一個死穴，來一擊制勝。找到客戶對自己產品最需要的，而其他同類產品又無法提供的一個最重要的優勢，就能壓制住客戶的一切底牌，最終取得談判的成功。

作為一名銷售人員，在銷售過程中應集中全部精神考察客戶的想法，並根據考察的結果巧妙地刺激對方的隱衷。就像一個燃火引柴的人，以微小的星光觸發熊熊的火焰。

銷售攻心術

在一團亂麻當中找到扣結之所在，然後解開它，一切難題就迎刃而解了。我們做事情往往是死纏爛打，勇氣有餘，冷靜不足，費盡心力仍舊打不開局面，使整個工作的進展不暢。這就是沒有抓住要害。抓住重點，抓住對方的小辮子，銷售工作就會大有進展。

8．善用顧客怕「失之交臂」的心理

常言道「失去了東西才發現它的珍貴」。在現實生活中，人們對於俯拾皆是的東西往往都不會覺得稀奇，視而不見，不去理睬，而當它突然變得很少很難得到的時候，反而又把它當作寶貝，認為它很珍貴，這也就是所謂的「物以稀為貴」的道理。

從心理學的角度看，這反映了人們的一種深層心理，就是害怕失去或者說怕得不到的心理。而在消費購物方面，人們的這種心理也表現得很明顯。這種心理可以給銷售工作帶來極大的幫助。

在商家們眾多的促銷手段當中，經常可看到這樣的一些標語：「只此一天，史上低價」，「數量有限，送完即止」等等。這些宣傳的推出都是為了刺激顧客們「怕買不到」的心理，「今天不買就再也買不到這麼便宜的價格了」，「如果今天不買，就再也不會獲得這麼多贈品了」。

正是這些想法促使了很多顧客進行搶購。商家利用的就是客戶的這種害怕買不到的心理，而用「名額有限」「僅有一次」的方式吸引客戶前來購買和消費。甚至即使使用不到的東西，也會因為這種心理而對客戶們產生需求，是商家增加銷售額的有利法寶。

日本的一家創意藥房，將原價為每瓶200元的補藥、以每瓶80元的價格出售300瓶，要知道，這大大超出了一般的降價幅度。這種補藥平時的口碑不錯，很有療效。因此，消息一出，就引發很多人的搶購。

這樣的價格絕不會再有，而這種藥平時經常用得到，因此為什麼不買?其實，看似虧本的促銷政策，卻為這家藥店帶來了更多的收益，雖然這單類產品帶來了些許的虧損，但吸引而來的顧客卻不自覺的買了很多的其他藥品，如買一瓶該補品搭配一盒營養液，就可以獲得一瓶維生素C，這樣反而帶動了顧客的更多消費。

針對客戶這樣的心理，銷售人員就要善於在銷售過程中，恰當地給客戶製造一些懸念，比如「只剩一件商品」「只有三天的優惠活動」「已經有人訂購」等，讓客戶產生這樣一種緊張的心理，覺得如果自己再不購買的話，就會錯過最佳的購買機會，可能以後再沒有機會得到。這樣就會促使客戶果斷地做出決定，使交易迅速達成。

某銷售中心的業務人員小張負責銷售A、B兩間房子。一天，有個客戶前來諮詢，並要求看看房子。而這時小張想要售出的是A戶，在帶客戶去看房子的同時，他邊走邊向客戶解釋說：「房子您可以先看看，但是A戶房子在前兩天已經有位先生看過並預訂了，所以如果您要選擇的話，可能就剩下B戶了。」

這樣說過之後，這位客戶的心理會產生這樣一種效應，他會覺得既然已經有人預訂了A戶房子，就說明A、B兩戶房子相比，A套比較好一些。有了這樣的心理，在看過房子以後，客戶會真的覺得A戶房子好，但是既然已經有人預訂了，只能怪自己來得太晚了，於是客戶就帶著幾分遺憾離開了。

過了兩天，銷售人員小張主動打電話給前兩天來看房子的客戶，並興高采烈地告訴他一個好消息，他對客戶說：「您現在可以買到A戶房子了，您真是很幸運，因為之前預訂A戶房子的客戶因為資金問題取消了預訂，而當時我發現您對這間房子也比較喜歡，於是就先給您留下了，您看您還需要購買嗎？」

客戶聽到這樣的消息，當然十分高興，因為他有一種失而復得的感覺，既然機會來了，就一定要把握住，於是他迅速地與銷售人員小張簽訂了合約。就這樣，小張順利地按照自己的預想把A戶房子賣了出去。

他之所以能夠成功，就是因為他善於利用客戶害怕買不到的心理，巧妙地把客戶的注意力吸引到A戶房子上來，並且讓他產生購買不到的遺憾，激發其強烈的購買欲望，最後又使客戶產生驚喜的心理，從而既歡喜又迅速地買下了A戶房子。

銷售攻心術

給客戶製造緊迫感，可以促進客戶的迅速購買。銷售人員可以在與客戶的探討過程中，給客戶提供一些適當誇張的市場訊息或者與自己銷售的商品有關的行情，表明自己的商品比較暢銷或者比較短缺，讓客戶覺得現在就是購買的最好時機，再不購買可能就買不到了，進而促進交易的達成。

第五章

鬥心術——諳熟銷售中慣用的心理學「詭計」

在銷售過程中，會遇到各種各樣的客戶，也會面臨各種各樣的問題和困難。在商家與客戶之間產生問題時，要合理把握解決的方式方法，運用恰當、有效的策略，以達到商家與客戶利益的統一。這是銷售工作的重中之重。

1．善於化解客戶的敵意

每個人都有各自看待事物的眼光、觀點和角度，由此大家的脾氣秉性也各不相同。形形色色的人際關係，使我們難免會遭人誤解。對銷售人員來說，客戶總是容易帶著一種警惕和戒備，這時應該以怎樣的方式化解與客戶之間的隔閡呢？

（1）面對誤解和敵意不逃避，及時溝通

由於每個人處在不同的生活或工作環境之中，站在不同的角度看待所面臨的事物或問題，每個人的學識水準不一致、修養不同，對同一個事物，產生不同甚至相反的理解均有可能，所以人們之間的誤解是難免的。

由於產品品質良莠不齊，各公司的服務品質也存在差別，因此在客戶不瞭解你的產品和公司的時候，總是會先產生懷疑或者多慮。這個時候，最好的辦法就是及時與客戶溝

通。心平氣和地去與人溝通，換位思考，多為對方考慮，才是上選。

選個合適的時間和場合，把自己的情況和想法說明清楚，讓客戶打消疑慮。同時，可以出示一些自己的產品品質保證和之前的合作案例等等，但切記不要隨意打擊其他的公司的產品，藉此來抬高自己的價碼。這樣做會讓客戶覺得你是個不值得信任的合作夥伴。因為在你眼裡，不是朋友，就是敵人，這樣是會影響客戶對你的印象的。

（2）坦然面對、自我反省、展示實力

出現誤解以後，應該理解它，學會坦然面對，站在對方的角度冷靜審視自己的言行，認真思考自己是否有失誤或處理問題不妥的地方。還有，要分析對方產生誤解的原因，尋找對方的誤解是否有某些合理的成分。此外，以寬容的胸懷和氣度容納別人的誤解，更容易建立信任。

在推銷過程中，即使我們自己的言行很恰當或很適宜，沒有什麼值得挑剔的，自己確認了客戶的誤解是站不住的或是沒有道理的，也不能自傲自恃，要學會把客戶的誤解看成是給自己的一種提醒，時刻注意自我反省並激勵自己。

當得悉客戶對你懷著戒備心時，用不著忿忿不平，不妨對自己進行一番反省，想想自己平常在與客戶接觸時是否存在不妥之處。在以後相處時，多幾分謹慎，少說些易引起

誤解的話，避免投人以柄。這樣，有助於你在建立商業關係時中更為成熟、穩妥，少些是非。

假如競爭對手對你懷有敵意，在某些問題上貶低你，企圖使客戶對你的產品和信譽產生懷疑，這時你要做出的最好證明就是把事業做得更出色，而不要把時間和精力放在無謂的人際糾紛上，這樣才能讓客戶對你產生敬意，化解隔閡。

（3）胸懷寬廣、顧全大局，化解矛盾適時啟用中間力量

誤解和敵意一旦出現應採取理性化解。如果銷售人員產生了誤解，化解矛盾的方式雖然很多，而且每個人都有自己的方法去處理問題，但最好的方法始終應該是能開誠佈公地與對方交流溝通。

面對一時難於說得清道得明的誤解，也不必忙著去解釋。如果話不投機，會適得其反。如果可能的話，不妨以向你透露資訊或是雙方都能接受的人為「中間人」，透過他們代為傳話，以化解或是中止敵意。

這可以達到兩個目的，一是把自己的想法和事實告知對方，產生澄清事實真相、消除誤會、溝通瞭解的作用；二是讓對方知道，已瞭解到對方的所作所為，從而產生警示作用，使對方有所收斂。這樣也許給雙方都留有餘地。特別是在彼此情緒比較激動的時候，更沒有必要過分渲染誤解、強化誤解。

誤解的化解最有效的辦法之一，就是寬容忍讓，等閒視之，淡定坦然，用平和的心態去面對。出於顧全大局，也為自己的發展著想，不宜讓矛盾激化或公開化。這就需要我們有廣闊的胸懷，更需要化被動為主動，從而為自己創造一個和諧的人際關係，並使之成為鞭策自己的動力。

銷售攻心術

多些達觀和寬容的心態，善於化解種種的敵意，會使銷售人員在人際中樹立良好的形象，對生活工作和事業有著很大的好處。

2．別急著亮出自己的底牌

俗話說，「逢人只說三分話」，還有七分，是不應該對別人說出的。孔子曰：「不得其人而言，謂之失言。」

一個冷靜的傾聽者，不但到處受人歡迎，而且會逐漸瞭解許多事情。而一個喋喋不休者，像一隻漏水的船，每一個乘客都希望趕快逃離它。同時，多說招怨，瞎說惹禍。正所謂言多必失，多言多敗。只有沉默，才不至於被出賣。保持沉默便是保持不傷人。

《三國演義》中有一段「曹操煮酒論英雄」的故事。

當時劉備落難投靠曹操，曹操很真誠地接待了劉備。劉備住在許都，在衣帶詔簽名後，為防曹操謀害，就在後園種菜，親自澆灌，以此迷惑曹操，認為他胸無大志，藉此放鬆對自己的監視。

一日，曹操約劉備入府飲酒，談起以龍狀人，議起誰為世之英雄。劉備點遍袁術、袁紹、劉表、孫策、劉璋、張繡、張魯、韓遂，均被曹操一一貶低。曹操指出英雄的標準——「胸懷大志，腹有良謀，有包藏宇宙之機，吞吐天地之志。」劉備問：「誰人當之？」曹操說，只有劉備與他才是。

曹操獨具慧眼正好說到劉備的志向，劉備被曹操點破是英雄後，竟嚇得把匙箸丟落在地上。恰好當時大雨將到，雷聲大作。劉備從容俯拾匙箸，並說：「一震之威，乃至於此。」巧妙地將自己的惶亂掩飾過去。從而也避免了一場劫數。劉備在煮酒論英雄的對答中是非常聰明的。

劉備藏而不露，人前不誇張、顯耀、吹牛、自大，裝聾作啞不把自己算進「英雄」之列，這辦法是很讓人放心的。他的種菜、他的數英雄，至少在表面上收斂了自己的行為。一個人活在世上，氣焰是不能過於張揚的。要把自己的底牌深藏起來，在關鍵時候再拿出來一決雌雄，才是聰明的作法。

中國舊時的店鋪裡，在店面是不陳列貴重貨物的，店主總是把它們收藏起來。只有遇到有錢又識貨的人，才告訴他們好東西在裡面。倘若隨便將上等商品擺放在明面上，豈有賊不惦記之理。

不僅是商品，人的才能也是如此。俗話說的「滿招損，謙受益」，才華出眾而喜歡自我炫耀的人，必然會招致別人的反感，吃大虧而不自知。

這個世界上才能高的人很多，但是真正能做到含而不露的人卻很少，同樣一部《三國演義》，死於曹操手下的才高八斗之士數不勝數，如孔融、彌衡之流，皆因他們不善於隱藏自己才命喪黃泉。

所以，無論才能有多高，都要善於隱匿，即表面上看似沒有，實則充滿，唯有這樣，在與人交往時，才不至於招人嫉妒，才能輕易獲得人心。

銷售人員更要懂得這一點，不要只一味的推銷自己的產品有多麼多麼的好，尤其在多家競爭的時候，一開始就拿出自己的最大優勢的，往往容易讓對手打擊得體無完膚。只有把底牌留到最後，觀察形勢走向，要在競爭到達白熱化的時候，用自己的最大特色一下子打敗黔驢技窮的對手。也讓你的客戶看到，你是最有潛能的合作夥伴，也是最聰明的。

同樣的，客戶也會運用各種策略來與你討價還價，因此一定要有一個最好的理由來作為你談判的籌碼，以博取優勢地位。不能一開始就開誠佈公，商品資訊全部和盤托出。

在社會上行走，每個人都要掌握這種低調隱忍的做人絕學。多一些深思熟慮，少一些鋒芒畢露，千萬不要把肚子裡的「寶貝」像竹筒倒豆子一樣全拿出來。若不懂這一道理，肚裡有再多的寶貝，也終將成為別人的囊中之物！

銷售攻心術

面對那些沉默寡言、喜怒不形於色的客戶，銷售人員說話辦事需十分謹慎，不能急著把自己的底牌暴露給他。這些人的城府往往很深，心計也比較多，如果你說話辦事欠考慮，很容易被他抓住把柄，反過來不利於你談判！

3．在關鍵人物身上下功夫

俗話說：「射人先射馬，擒賊先擒王。」在戰爭中，突然襲擊敵人的指揮機關，捕殺敵方指揮人員，可以使敵人立即陷入群龍無首、不擊自潰的困境，這是克敵制勝的絕招。

找人辦事，同樣需要瞄準關鍵人物。針對他們下功夫，突破這道關卡，謀求他們的贊同和協助，問題往往就迎刃而解，勢如破竹了。

日本索尼公司的國外部部長卯木肇，在索尼彩電在美國備受冷落的情況下，就依靠抓住美國電器市場的「帶頭牛」，才成功地攻占了美國市場。

70年代初期，索尼公司的產品已經在日本深入人心，而在美國，卻始終無人問津。後來，卯木肇到美國後經調查發現，在一些大的商場連個影子也見不到。前任外國部部長做了很多削價等促銷政策，卻給人留下了低賤的印象，愈加無人問津。

後來，他鎖定了當地最大的電器銷售商馬西瑞爾公司為主攻對象。但是要見到經理卻難如登天。於是他召集了30多名工作人員，規定每人每天撥5次電話，向馬西瑞爾求售索尼彩電。接連不斷的求購電話搞得馬西瑞爾公司暈頭轉向，便誤將索尼公司彩電列入了「待交貨名單」。

後來公司經理終於勉強同意代銷兩台彩電試試。隨後，卯木肇制定了一連串措施，很快就讓索尼彩電暢銷起來。並且隨著這家最大的電器銷售量的增加，其他電器商場也開始逐漸引進索尼彩電。就這樣，卯木肇透過帶頭商家的影響，逐漸打開了索尼彩電在美國的市場。

由此可見，要做成功的推銷，就要抓住關鍵人物、關鍵點來攻克。那麼具體應該怎麼做呢？

（1）瞄準主管人員或上級領導

說到「關鍵人物」，人們往往首先會想到主管人員或上級領導。是的，主管或領導的意圖對解決問題起著十分重要的作用。俗話說：「上面動動嘴，下面跑斷腿」，更形象地道出了這種影響的威力。

如果你找到的負責人實在是冥頑不化，無法下手，那就試試找到他的上司等一些會影響其決定的一些主管人員，透過他們來幫助你說服這位負責人，不必要非得和這樣的人硬碰硬，換個管道或許就可以成功了。

（2）別忽視有影響力的人物

關鍵人物不一定就是檯面上看得見的帶響亮頭銜的人物。正如光緒當皇帝，慈禧掌印璽，幕後人物往往才是真的「權威人士」。所謂「全廠聽廠長的，廠長聽老婆的」，就是最通俗的注解，老婆的枕頭風，勝過旁人的大炮筒。

所以，想要在解決問題過程中穩操勝券，除了著眼於主管、領導者一類正式組織身分的負責人外，還應該爭取足以影響主管領導者的非正式的「權威人物」的同情、支持和幫助。透過當事人或上級主管的親友故舊來說服當事人成功的可能性大得多。

（3）重視具體的辦事人員

有時候，即使是上級主管和具體辦事人員同意解決的問題，也會由於下屬某一環節作梗而擱置下來。負責這一環節的人不論職位大小，也就變成了解決問題所必須解決的「關鍵人物」。「縣官不如現管」，說的就是這個道理。

這時候，你切不可因人無權無職，就以為可以隨便應付，否則你的好事就可能壞在他的手中。因此，切不可掉以輕心地對待你身邊老態龍鍾的老太太，玩彈珠打水槍的「小皇帝」，或風韻猶存的半老徐娘……這些人不顯山，不露水，但他們都有可能是你走向求人成功的墊腳石，一定要時刻保持高度的警惕，抓住每一個可能發揮作用的人物。

銷售攻心術

生意關係中總會有一些「關鍵人物」，這些人對推銷的結果有很大影響，甚至能左右其成敗。建立合作關係，一定要找出被求者身邊的關鍵人物，從他們身上下手，得到他們的幫助，問題往往迎刃而解！

4．利益不在於多少，而在於長久

生意場上，大家都是因為利益才維持著彼此的合作關係。通常情況下，所有參與進來的人都會努力地維護著這個利益關係的穩定。只有某一方對利益的分配表示極其不滿時，才有可能出現所謂的脫線行為，把關係網上的人全部拖下水去。

銷售人員和客戶的關係就是追求利益雙贏的關係。自然，雙方都想盡力爭取更多的利益，但是只看到自己的利益，而忽略他人的利益，就無法獲得好的結果。因此，在適當保護自己利益的過程中，一定也不要忘了顧及他人的利益。

要知道，在一定的時候，利益的讓步並不等於是失敗的推銷。有經驗的銷售人員會用對自己不重要的條件去交換對對方來說無所謂，但自己卻很在意的一些條件。這才能實現雙贏。一個共同的平衡點，才能使雙方關係達到和諧、長久。

同樣的道理，在處理外部問題的時候，也要找一個平衡點。你賺我不賺，生意不會長久；我賺你不賺，生意也不會長久；我賺你也賺，才能做成生意。這也就是我們平常所說的「有錢大家賺」。

在這個資訊和知識經濟時代裡，獨占利益已變得越來越不可能，明智的作法不妨「利益均沾」，這樣才能保持久遠的合作關係。相反，光顧一己利益，而無視對方的權益，只能是一錘子買賣，慢慢將生意做斷做絕。

日本著名企業家松下幸之助提倡「自來水經營法」，他認為，企業的使命是：不斷努力生產，使產品像自來水一樣豐富價廉，惠及全人類。

但是，松下幸之助只追求合理的廉價，也就是說，在努力降低成本的基礎上達到降低價格的目的。松下幸之助定價有一條牢不可破的原則，即合理成本加上合理利潤，定出合理價格。在這條原則中，合理利潤是前提，一切以此為準。

由此可見，追求合理利潤是商人的共性，自己這方沒有合理利潤，生意將難以為繼；對方沒有合理利潤，生意就滯塞不暢。所以，大商人賺該賺的錢，也讓別人得應得之利，雖然放棄了暴發的可能，卻可以做長久的生意。這樣生意就如長江之水，生生不息，做長了自然做大了。

有些人片面強調自己這方面的利潤，只要有機會就不惜損害對方的利益。這不是一流商人的境界。所謂合理利潤，意味著要在合作各方的利益分配中尋求平衡。一方得到不合理的高利，即意味著另一方只得到不合理的低利。這種合作是無法持久的。所以，智慧的生意人不僅要保證自己的合理利益，也會時時考慮他人的合理利益。這同樣對銷售人員有警示意義。既然要達到利益的平衡，那麼銷售人員應該如何做到這一點呢？

（1）追求整體利益的一致

雖然銷售人員與客戶在客觀上無可避免的存在一些立場和利益的差異和分歧，但是只要找到一個能共同獲益的辦法，就可以既賣得出產品，又能滿足客戶需求。因此，將自己的需求與客戶需求聯繫起來，找到一致的利益點，就能雙贏。

（2）做出一些合理的讓步，盡量滿足客戶的願望

雖然是讓步，但要讓對方覺得這種讓步是很大的犧牲，是給客戶一個很大的面子和照顧。這樣就能獲得他們的心理認同和感激，也有利於雙方利益的趨同。

（3）尋求共識

在解決雙方有問題的地方，要先從客戶容易接受的、最容易解決的地方著手，強調客戶的共同利益。並在對方不易察覺的情況下，使對方也能夠肯定這一點。然後，我們就可以以此為突破口，取得有利於自己推銷的結論。

銷售攻心術

只會斤斤計較於自己的一點蠅頭小利的人是不會成大氣候的。只有在與客戶建立關係的時候，能找到雙方共同利益的切合點，才能獲得實現共贏的局面。

5．在氣勢上鎮住對方

所謂霸氣，並非霸道蠻橫，不講公理；而是膽識與才智的結合，敢拚敢闖的冒險精神，捨我其誰的王者風範！縱觀古今中外，哪一個登上成功頂峰的人心中沒有霸氣？

秦始皇正因為心中懷有霸氣，最終才滅掉六國，完成一統山河的大業；愚公年且九十，卻滿懷雄心壯志，最終移走太行、王屋兩座大山，為後人開闢了一條陽關大道；毛澤東，胸懷霸氣的政治家、軍事家，帶領人民革命，建立了新中國。

縱觀商界，比爾·蓋茲可稱得上是位地地道道的霸者。他總是一副高高在上的樣子，喜歡以自己的意志左右別人。

據微軟公司的一位經理說：「他向對手發動進攻，目的就是要壓制對手，讓對手承認自己的錯誤。儘管如此，對手卻心服口服。」

公司裡還有這樣的說法：與旁人談話就像從泉眼裡飲水，可是跟蓋茲談話就像在消防栓飲水一樣。還有，他駕車的時候總是習慣性地看著你，讓你感到侷促不安；但說話的時候卻從來不看你，讓你感到慌張。

擁有霸氣，就不會裹足不前，而是敢於大刀闊斧地進行改革；擁有霸氣，就不會驕傲自滿，而是永不停止前進的腳步；擁有霸氣，就不會匆忙地「見好就收」，而是敢於「放長線釣大魚」；擁有霸氣，就能抵制各種誘惑，一心致力於自己的理想和追求。

霸者只享用自己創造出的果實，從來不吃天上掉下的「餡餅」。他們從不坐等機遇來敲門，而是積極主動地去爭取和創造。他們敢於面對現實，從不逃避責任和義務。

一名銷售人員要想創造良好的業績，就得勇敢地去敲客戶的大門，大膽地與客戶進行談話。否則，連客戶大門都不敢敲的銷售人員，他的成績單上永遠都寫著「零」。

一個人的資質與天分有多高並不重要，對於創業來說，只有具備一身成功的霸氣，才能戰勝一切困難，創造輝煌的成功。霸氣是成就一切事業的關鍵。如果沒有霸氣支撐你站起來，堅持下去，一切都是白費心思。

腰纏萬貫也沒什麼了不起，如果你是個膽小怕事的傢伙，前怕狼，後怕虎，不敢去拚去闖，只是長年累月地從你的「金庫」支出，那麼你的「資源」總有一天會枯竭。暫時取得了成就也沒什麼值得誇耀的，因為人生沒有永遠的成功，任何人都只是眼前的勝利者。也許你暫時成功了，但你沒有勇氣再向前邁進一步，於是從此安於現狀、不思進取，這樣的話，你最終還是會淪為一個失敗者。

因此，要想活得充實，活得輝煌，活得轟轟烈烈，我們就要努力培養出一身霸氣！那麼怎麼樣才能培養出個人的霸氣呢？、首先，作為銷售人員，不能總拿出一種「我是在求人買東西」的心理。我們提供的產品是能滿足客戶需求的東西，是能為他們帶來效益的，而不是一件裝潢品，毫無實際作用。因此，要拿出一種「你真幸運，我能提供你需要的產品」的氣場來。第一眼就震懾住對方。

其次，在談判過程中，有很多客戶會提出這樣的問題：「我為什麼要選擇你的產品？」這個時候如果你還單純地解釋產品的性能，是沒有說服力的。這個時候，你可以說：「○○公司現在也正在用我們的產品，他們的實力您也清楚，我相信明智的管理人是最懂得選擇的，您說是吧！」結果可想而知。這也是一種不卑不亢的霸氣。

銷售攻心術

霸氣是每個人一生的動力，它提醒我們「人活一世，不可與草木同腐」；它激勵我們來世一遭，應「與天公試比高」。對銷售人員來說，霸氣是一種生存本能，可以幫助我們積極的應對客戶，獲得成功。因此，銷售人員一定要注意修練個人的霸氣。

6．行動快速，先下手為強

中國有句至理名言，「先下手為強，後下手遭殃」，古往今來，但凡敏感的聰明人、有成就者，為了搶占先機，不受制於人，總是要豎起耳朵，隨時準備先下手。

西漢時期，班超接受漢明帝的命令，帶領三十六人出使西域。他們到達鄯善國，受到國王的熱情招待。但是，過了沒多長時間，鄯善國的殷勤轉為冷淡，班超立即意識到情況發生了變化。後來他經過仔細調查，果然發現是匈奴的使節來了，所以才使鄯善王憂慮不決。

班超馬上把負責招待的胡人叫進來，恐嚇他說：「匈奴使節來了幾天？現在住在哪裡？」對方非常害怕，就如實回答：「已經來了三天了，住在離這裡三十里的地方。」

瞭解到敵情，班超開始做動員工作：「我們來到這個絕險的地方，而且面對著匈奴使節的威脅，鄯善王對我們如此冷淡，情況不妙啊。如果鄯善王把我們抓起來交給匈奴，大家連屍骨都要餵豺狼了。」

手下的人都說：「現在要想辦法脫離虎口，我們都願意跟著你走！」

班超接著說：「先下手為強，後下手遭殃。我們只有趁著夜色對匈奴使者發起火攻，讓對方不知道我們的虛實，才能取得勝利，把他們一網打盡。這樣就能震懾鄯善王，大功告成。」大家紛紛表示贊成。

就這樣，班超趁天黑，率領大家來到匈奴使者的營房。這時恰逢颳起了大風，班超順風放火，配合其他人擂鼓大喊，做出聲勢浩大的樣子，結果一舉全殲了一百多名匈奴人。

第二天，班超把事情告訴了鄯善王，對方自知理虧，又畏懼西漢的實力，不知如何是好。看到這裡，班超順水推舟，安慰對方說：「從今以後，請你不要再跟匈奴友好，我們自然會與你結為友善的鄰邦。」就這樣，鄯善王表示願意歸順漢朝。

班超審時度勢，先下手為強，斬殺了匈奴使，使西域五十多座城池獲得了長久的安寧。而他的成功在於搶占先機，進而掌握了充分的自主權，能夠先發制人採取軍事行動，所以化解了被動的局面，取得了勝利。

作為銷售人員來說，面對來自其他公司的競爭對手的機會太多了。幾家公司都想與同一家公司建立合作關係，這個時候，一定要「先下手為強」，不能給對手任何可乘之機。

但是，一定要搶先一步尋找與客戶接觸的機會。這不是一時能做到，這就要求銷售人員在日常生活中，一定要學會累積人脈。要知道，每個人都可以為你導引出幾個人脈，而這些人脈關係就很有可能會成為將來你需要的「潛在客源」。有了廣泛的人脈關係，就可以在需要的時候，馬上動用你的資源，搶先一步接觸到客戶。

值得提出的是，即使銷售人員沒能成為「先下手」的人，也不是沒有機會的。不要做那個在客戶面前說競爭對手壞話的人。客戶選擇合作夥伴，首先選的就是你的為人。即使客戶說：「我已經和○○公司談好了，我覺得他們的產品很符合我們的要求」，也不要惡言詆毀他人，而是要說：「他們公司的產品也很不錯，既然你們談好了我也尊重你們的選擇。但是我們的產品有一點優勢是他們沒有的，那我期待我們的下一次合作。」

如果你的回答是如此人情味十足，客戶就會耐心聽你講完你所說的優勢是什麼，這就給了你機會去與別家的產品競爭。

你對其他公司產品的貶低，只會讓客戶覺得你是個沒有胸襟的人，出於反感，他們絕不會給你機會再聽你推銷你的產品的。只有話鋒一轉，在不貶低別的產品的同時，透露出自己產品的相應優勢，引起客戶興趣，反而會為你帶來轉機。

銷售攻心術

生意場上的競爭就是時間與機遇的競爭，反應遲鈍的人，是很難對機會做出正確反應的。因此，作為銷售人員一定要鍛鍊出自己的預知眼光，搶占先機，抓住最先與客戶接觸的機會。

7．寬以謙讓，不爭而爭

對於爭與不爭，據說孔子曾去拜見過老子，老子教訓他說：「良賈深藏若虛，君子盛德若愚，去子之驕氣與多欲，態色與淫志，是無益於子之身。」意思是說：「有錢人不會到處炫耀自己的財富，有德行的君子也總是虛幻若谷，大智若愚。只想去爭，去想太多東西，是對人沒好處的。」

孔子聽後感慨說，老子就像龍一樣，「見首不見尾」。老子提出的修養方法是「不爭」，「聖人之道，為而不爭」。

中國人把「不爭」看成最高境界的「爭」，是智慧的體現。只要自己與大家不爭，大家就不會與自己爭，如果自己與大家不爭，同時盡量想辦法讓別人爭得更多，長此以往，你就可能成為寬宏大量、忍辱負重、能屈能伸、大恩大德或「毫不利己，專門利人」的一個人。這樣的人，無論做領導者，還是做生意，都不怕失敗。

謙讓也會帶來順其自然的爭取，在謙讓中爭取到追求的東西，是一種很巧妙地為人處事方法。

我們知道，象棋有兩種顏色，一種是紅色的，一種是黑色的。把象棋拿出來的時候，兩個人都去拿黑色的棋子，沒有人去拿紅色的。於是，就有外國人問：「你們中國人搞什麼玩意，連下象棋都去槍黑的，那紅的比較好看，為什麼不拿紅的呢？」

結果，其中一個人回答說：「我沒有搶黑的，我在讓紅的給他，我一直在讓，我們沒有搶黑的。」外國人聽了莫名其妙，又問另一個人，結果對方也這麼說。

由此可見，外國人滿腦子都是競爭，他們看問題的視角就是一個「爭」字。這是中國人與外國人思維獨特的地方，也是中國人厲害的地方——用「讓」來「爭」。

有這樣一則有趣的軼事。

美國總統林肯以其機智和幽默見稱。有一次演講時，有人遞給他一張紙條，上面只寫了兩個字：「笨蛋」。但他卻一點也不當回事，而是舉著紙條鎮定地說：「本總統收到過許多匿名信，全都是只有正文，不見署名。而這位先生卻剛好相反，他只署上了自己的名字，卻忘了寫內容。」

林肯的智慧可見一斑。他並沒有因為這張紙條而氣急敗壞，與這個人爭得一個口舌高下。而是用簡單的小幽默就能化解危機。

同樣的道理，在經商過程中，高明的商人也是以不爭為爭的，他們懂得謙卑的道理，善於觀察局勢，能夠冷靜理智分析，甚至做出一些在外人看來吃虧的事情，然而最終的結果是，這些人總能獲利豐厚，成為最大的贏家。

如我們之前提到過的那樣，銷售人員會在工作中經常遭遇對手。他們會就產品、就公司實力等等，來與你爭個高下，希望藉此贏得客戶的青睞。其實，以退為進的智慧，並不是很多人能夠掌握的。

作為銷售人員尤其要摒棄這種急功近利的心理。放長線釣大魚的內斂和隱忍，是每個銷售人員都應該修習的一種技能。

爭只是一時的快感，而大智若愚、上善若水的人才能真正掌握生意場上的「大道」。不爭是不暴露自己的實力，是在暗中集結自己的力量，表面的、短暫的輸贏都是不重要的，記得要有長遠的眼光，甘於收斂鋒芒，才能有厚積薄發的機會。

銷售攻心術

「不爭」就是心境方面的一種修養。現代社會要求人必須積極進取，沒有人願意主動讓出自己的利益給別人，但以「讓」來「爭」，以退為進，其實可以收穫更多的東西。謙讓尋求一種內心的平和，不僅可以化解矛盾，還可以為銷售人員帶來更大的益處。

8．借勢、造勢贏得大單

在世界任何地方，做生意從來都不是單純的商業行為，而是與當地人們的政治、文化、風俗，甚至軍事，有密切關係。對生意人來說，把買賣做好、做大，不僅要提供物美價廉的產品和服務，還要善於借勢、造勢，才能取得預期效果。

銷售人員是談判者，也是佈局者，在銷售中必須眼觀六路、耳聽八方，善於根據情勢的變化制定銷售策略，甚至造勢贏得大單。這種商業智慧是不可缺少的。

騰訊的成功，它所創造的財富，是以往傳統製造業無法比擬的。這既得益於馬化騰本人在網路通訊技術方面的專注、堅持和努力，也離不開當代網路資訊技術發展的大趨勢，以及人們對即時通訊便捷服務的需求。

「商者無域」，對市場的理解不能從商業角度來考慮，還要顧及到商業之外的因素。

一個真正的銷售高手，也要善於借勢、造勢。

我們可以用「推波助瀾」形容借助某種商業大潮流而為自己的生意推起一個小浪潮。在某種大潮流出現以後，盲目地跟風起鬨，只能賺點小錢；而在大潮流中尋找到自己的位置，掀起屬於自己的小浪潮，才能站在風口浪尖上，做成大買賣，獲得更多財富。經營上的黃金規則可以一言以蔽之：市場是創造出來的！

商界流傳著一句話：三流公司做事，二流公司做市，一流公司做勢。做生意，最聰明的手段就是在市場中審時度勢、順勢而為。商業的本質就是「營勢」、「謀勢」。善於謀勢的商人，才能執市場之牛耳，花小錢辦大事。

作為銷售人員來說，在與客戶接觸的過程中，也要「謀勢」。通常，在談判的初級階段要「造勢」，發展階段要「蓄勢」，成熟階段要「乘勢」。透過「造勢」做成大買賣，關鍵要把握好下面幾個原則：

（1）判斷在同行中自己產品所處的地位

在市場經濟體制下，產品競爭非常激烈。除了產品和服務本身的差別之外，還有很多因素決定著推銷的成功與否。銷售人員首先應該瞭解自己產品的優劣，揚長避短。不必因為有更強勁的對手就唯唯諾諾。要謹記，「我的產品也有其他產品所沒有的優勢，是最適合客戶的產品。」抱著這種心理，就可以產生強大的氣場和氣勢。

（2）善加利用社會資源

做生意不能忽視各種社會資源。通常，它的範圍無限廣，力量無限大，可以讓人一夜成名，可以讓一家公司轉瞬日進萬金。關鍵在於，要尋找到適合公司品牌的資源，並把它引爆。找到一個合適的契合點，接下來就能勢如破竹，取得意想不到的效果。

廣泛的社交有利於銷售人員加強對客戶的影響力，也是個人氣場的表現。有了人脈的擁捧，就可以為自己造勢，容易打開銷路。

（3）整合資源，集中發力

面對市場上無數產品，競爭可謂激烈。想要透過造勢取得成功，一定要整合有限的資源，集中發力。比如，要把所有的業務員、經銷商、傳播手段集中到一起，按照既定部署，在指定市場、指定時間內發起衝鋒，才能取得轟動效應、比較優勢，在客戶群中占據有利位置。

（4）用拳頭產品帶動全域

「造勢」是一個由「點」到「面」的持續過程。在商界建立自己的產品優勢，或者在某個行業裡站住腳，需要選擇一個關鍵點，這往往是企業的核心產品（產品系列），或者是一次成功的商業動作；在此基礎上，開展後續活動，才能讓銷售人員真正奠定勝利的基礎。

銷售攻心術

做銷售和指揮作戰一樣，需要審時度勢，才能把握時機。審時度勢，主要是要求人們認清客觀形勢，明察事物發展過程中顯露出來的時機。缺乏審時度勢的經濟頭腦，就會使產品積壓和滯銷。相反，有預見性的頭腦，能夠審時度勢，明察市場動向，借勢、造勢，很可能就是企業的一場重大轉機。

9．擔心的事情，99％不會發生

在銷售過程中，有很多無法預見的事情可能會發生：客戶連一面都很難見到，見到的客戶又被別的公司搶去，甚至快到手的單子也可能一下子沒了。在推銷之前，銷售人員會有很多的準備，但同時也有很多的疑慮。

對於新手銷售人員來說，最擔心的事情就是被拒絕了。但是就一些調查結果表明，大部分客戶都不太會直接回絕銷售人員。當然，除了你的態度有問題之外，如果你態度謙和，彬彬有禮，而且又沒有做什麼傷天害理、丟面子的事情，儘管放手去與客戶接觸，像結交朋友一樣，拿出自己的真心和誠意，往往擔心的那些事都不會發生。

一個當過海軍的人說：當他和船上的夥伴被派到一艘油船的時候，他們都嚇壞了。這艘油輪運的都是高辛烷汽油，他們擔心，要是這條油輪被魚雷擊中就會爆炸，並把每個人送上西天。

「可是美國海軍有他們的辦法。海軍總部發佈了一些十分精確的統計數字，指出被魚雷擊中的100艘油輪裡，有60艘並沒有沉到海裡去，而真正沉下去的40艘裡，只有5艘是在不到5分鐘的時間沉沒。那就是說，有足夠的時間讓我們跳下船——也就是說，死在船上的機率非常之小。」

這說明什麼呢？說明士兵們所擔心的事情「油輪被魚雷擊中就會爆炸，並把每個人送上西天」發生的可能性很小。

人們大多數的憂慮和煩惱，都是來自於個人的想像而並非現實。有的時候，抒解自己的擔心，不妨用一些擔心發生的機率和數字來告訴自己，這件事情發生的機會實在是太小了。就像上文的故事一樣，士兵們從統計的機率中發現，他們會死亡的機率是微乎其微的，因此就可以靜下心來服役了。

日本小松集團總裁安崎曉說：「偉人之所以偉大，是因為他與別人共處逆境時，別人失去了信心，他卻下定決心實現自己的目標。任何的限制，都是從自己的內心開始的。」常言道我們最大的敵人就是自己，正因為大多是來自內心的憂慮造成我們的心理負擔。

既然擔憂的事情大多都不會發生，那麼就在憂慮摧毀我們的自信以前，先改掉憂慮的習慣，最好的辦法是：讓我們看看以前的紀錄，並算出一個平均機率，然後問問自己：我現在擔心的事情，發生的機率有多大。

當銷售人員產生憂慮情緒的時候，可以試著讓自己回答以下幾個問題：

（1）究竟出了什麼問題？問題的起因是什麼？

過去你是否常常花上一兩個小時，還沒弄清楚真正的問題在哪裡？弄清楚擔心的事情是什麼及其原因，才能幫助我們找出對應的辦法來解決。人的情緒有時候連自己也很難分辨，這就需要銷售人員用理性去分析、判斷、反省，深思熟慮地找到答案。

（2）這些問題可能有哪些解決辦法？

對團隊中的銷售人員來說，召集員工就這些問題討論、辯論一番，是有效的辦法。有些有經驗的銷售員很有可能遇到過類似的狀況和心理，因此他們在克服這些困難的時候，就會有一些經驗和建設性的意見。即使是沒有遇到過的問題，在討論的過程中，一些思想火花得以碰撞，也許可以打開一些局面。

（3）你建議用哪種辦法？

在眾多的意見和建議當中，選取一些可行性比較高的方案，一一列舉出來。就你所面臨的問題和具體案例，分析出最恰當的解決方案，並予以實施。

銷售攻心術

在你擔心的時候，不妨想一想那些蓬勃發展的保險公司吧！他們之所以能長盛不衰，就是因為大部分問題發生的機率很小，才讓很多人的保險費都進了他們的荷包。現實往往就是這樣的，你擔心的事情大部分都不會發生，所以盡情發揮吧。

10．別讓人情捆住你的手腳

在東西文化中，以中國和日本為代表的亞洲文化，尤其是商業文化，一向是與「人情」緊密相連的。做生意往往依託的是「人情關係」，其他方面有的時候就位居其次。這種情況導致的結果有好有壞，「人情」既會為你帶來助益，也會捆住你的手腳。

人們會感到「不好意思」，除了本身性格因素之外，禮教的束縛及文化的薰陶也是重要的原因，所以有些人動不動就說「啊，不好意思」。這種「不好意思」的特質有時很「可愛」，有益人際關係，但相對的，有時也會讓人失去很多該有的權益及機會。

因此，「不好意思」的性格特質有必要加以調整。事實上，不好意思都是自己想的。也就是說，這是一種個人的反應，像有些事根本與道德、羞恥無關，別人也不認為做了這種事應「不好意思」。但有些人就是不敢做，例如追求女朋友，有人就會「不好意思」，這種「不好意思」就是「自己想的」，而不是別人想的。

人人暴露欲望，個個展現實力，慢一步就沒有了機會，因此面臨生存競爭，你應該認清「不好意思都是自己想的」的真相，大膽地表現你的想法，並採取必要的動作。

很多人就因為「不好意思」，而有很多話「不好意思」說，結果事情做不好，對方得不到好處，你也苦了自己。尤其是做銷售的，不好意思與陌生人主動講話，放不下面子和身段與人接觸，那就糟糕了。

在很多歐美，人們在做生意的時候都會秉持著這樣的原則：「Business is business」，這句話有「生意就是生意」，「公事公辦」的意思。

因此，在銷售過程中，首先就要過自己心裡這一關：銷售不是求人，而是求得雙方的共同利益；所以，與其低聲下氣，思前想後，不如理直氣壯，直搗黃龍，把該說的話說了，也就走出了第一步。

其次，一定要有耐心。一單買賣，不是單靠生硬的解說就能拿下的。所以，即使做了很多準備，也有很難水到渠成的時候。客戶態度冷淡，甚至表示拒絕都是可能的，但不能因為這樣就覺得丟了天大的面子，連頭都你抬不起來，而失去了耐心。欲速則不達，凡事都有個循序漸進的過程，因此，保持住耐心很重要。

最後要嘗試理解他們的想法和苦衷，不要對別人要求太高，更不要給自己太高的目標。在剛做推銷的時候，對別人的要求太高，會讓對方很為難；對自己的要求太高，就會形成很大的壓力，也不利於工作的開展。

銷售攻心術

要想成功，任何時候都不能怕扮黑臉，不能怕不好意思，不能被人情所累，否則只會左右為難，裡外不是人，最終將一事無成。

第六章

撫心術——用最好的售後服務成就永久的生意

銷售絕不是一時之功，買賣完成了並不代表銷售員的工作就結束了，完善的服務應貫穿於整個銷售過程的始末。一流的銷售服務會在任何時候，都能替客戶著想，不但滿足客戶的需求，還要為客戶創造更多的消費價值，這是銷售人員必須慎思明辨的一個重要課題。

1．售後服務不好，顧客全跑

現代企業為了提高服務品質，獲取最大化的社會經濟效益，已革新了傳統的服務觀念，接受了「商品出門，負責到底」的新觀念。由此，強化售後服務，已經成為現代企業實現最佳服務的「熱點」。

一個企業要使市場銷售維持上升趨勢，除了提供優質的產品外，還要加強各種方便用戶的售後服務。從某種意義上說，售後服務對企業的生存發展，具有與產品品質同等重要的意義。成功的企業家無不對此傾注極大熱情，不遺餘力地在努力抓好這項工作。

做好售後服務，是樹立企業形象、提高企業信譽，爭取顧客、獲得高額利潤的重要保證。第二次世界大戰之後，隨著科學技術的日新月異，生產迅速發展，不少企業生產嚴重過剩，企業面臨的問題，就是如何把大量供過於求的商品賣出去，銷售工作一躍而成為企業生存發展的關鍵。於是，企業家紛紛將最優秀的工程師放到了銷售服務第一線。

在國際汽車工業市場日趨激烈的競爭中，德國賓士公司採取的主要競爭手段就是加強售後服務。

他們的特點就是健全維修站系統：在國內設有1300個維修站，維修人員有56000人，在公路上平均不到25公里就可找到一處賓士維修站；在國外171個國家和地區中，該公司也設有3800多個服務站；維修人員技術熟練，態度熱情，車輛維修速度快。賓士公司的售後服務優勢，使該公司在幾十年中始終立於不敗之地。

無數商業實踐表明，商業銷售應注意售後服務品質，特別應該禁忌那種忽視售後服務的作法，以防失去當前所占有的市占率。具體來說，售後服務包括下列內容：

（1）送貨、安裝服務

對購買品質較高、體積龐大的商品和路途較遠的商品，或是一次購物數量較多的客戶，或是一些有特殊困難的客戶，公司或直銷商應該提供送貨上門服務項目。人們的所有消費體驗當中，便捷是客戶們比較看重的一方面。為顧客們解決了後顧之憂，就為商家們打開了暢銷之路。

消費者在購買一些大宗耐用性商品的時候，經常會有安裝的需要，而繁雜的技術給他們帶來很大不便。為此，企業提供優質的安裝服務，也會讓消費者感覺到便利，增加對企業的忠誠度。

（2）實行「三包」服務

實行「三包」，即包修、包換、包退。這是現代直銷公司服務項目中最基本的服務承諾，也是爭取客戶，取得更大銷售成績的有效方法之一。很多做銷售的人目光短淺，為了短期的利益，不顧信譽，只做「一錘子」買賣。有了品質問題，顧客回來問清楚，就冷眼相看，拒不承認。這種服務態度，已經無法適應現代的市場規律，是注定要被市場淘汰的。

作為銷售人員，假若你也抱著這種「只要將東西賣給你，其他的就不關我的事」的心態，那麼你的路子也就會慢慢變窄，直到堵死，因為你再也沒有第二次機會去挽回你的客戶了。

（3）建立客戶檔案

客戶在購買商品後，使用中經常會遇到這樣或那樣的問題，公司應建立客戶檔案，掌握客戶的使用情況，尤其是銷售人員，更應該多與客戶聯絡、溝通，為客戶提供指導及商品諮詢服務，幫助他們解決一些力所能及的小問題，完善商品的使用功能。

銷售攻心術

服務是企業的生命，只有良好的服務才能使企業更有競爭力。所以要在客戶售後服務上下功夫。市場規律是鐵定的規律，誰能在服務上下功夫，贏得顧客的心，誰就能贏得市場，贏得良好的銷售業績，那些不尊重顧客意見，不重視售後服務的銷售員和企業，是無法長久生存下去的。

2．消除客戶的後顧之憂

在銷售過程中，顧客心存疑慮是一個共性問題。如果不能及時得到疏導，就會為銷售工作帶來極大的阻礙。因此，銷售員一定要盡力打破這種被動局面，善於化解客戶的後顧之憂，使他們可以放心地買到自己想要的產品。

客戶在面對銷售人員時，往往存在著一種戒備和不信任的心理。他們認為銷售人員講解提供的那些商品資訊，不同程度地會有一些虛假和誇大成分，甚至是欺詐。因此，這種想法，就導致他們不但不聽你的介紹，反而處處與你爭辯、作對。

吉諾曾在一家公司做銷售工作，這是一家小有名氣的雜貨公司。也是在這家公司裡，吉諾透過學習和不斷的實踐工作，掌握了很多銷售技巧。

公司有一次購進了一大批豌豆罐頭。可是這種罐頭豌豆顆粒大，口感也不怎麼好，因此銷量很差。這項艱苦的挑戰就被吉諾接了下來，公司要他想盡一切辦法，將這批罐頭賣出去。這是一個證明自己能力的機會，吉諾絞盡腦汁，終於想到了一個辦法。

由於這批罐頭的確沒有什麼優勢，如果單靠零售這些常規的推銷方法，花費的時間會很久。而且貨物放得越久，就越不容易賣出去。因此，最好的辦法就是一次性的「集體銷售」出去。於是吉諾就馬上打電話通知了一些老客戶，讓他們第二天到自己的住所來，說是有新產品要推薦給他們。

第二天一早，老客戶們都按時抵達了吉諾的住處。這時候，他們發現豌豆罐頭把吉諾的房間堆得滿滿的。而此時的吉諾正忙得不可開交，他正在指揮很多搬運工人把這些貨物往外搬，進出的工人們忙得不亦樂乎。

這時，吉諾見客戶們都到齊了，便一臉抱歉地和他們打招呼說：「真是不好意思啊，我實在忙不過來招待你們了。我今天通知大家來，就是跟大家推薦這種堆滿了我房間的新型產品，大家請看，就是這種豌豆罐頭。」

客戶們一見到吉諾要推薦的新產品是這種豌豆罐頭，便開始議論紛紛：「原來是這種罐頭啊，口感不是很好，我不是很喜歡。」

「是啊，很不好賣的。」

面對客戶們的疑慮，吉諾平靜地說：「大家聽我說，這種罐頭和我們以往吃的產品都不一樣。市場上的罐頭顆粒大小不一，而這種罐頭確實顆顆飽滿，大小均勻，而且價格還比較便宜一些。」一邊說著，他便打開罐頭向客戶們展示。

「豌豆顆粒大了，自然會影響一點口感，但是卻非常有營養價值。消費者就是要吃一個健康嘛！現在城裡的人們已經掀起了吃大顆豌豆罐頭的熱潮，相信不用多久就會流行到我們這裡來的。大家可以想像，到那時候，這些罐頭的價錢就不是現在這麼便宜了。昨晚就有人連夜來向我訂貨，我這正在趕著送呢！如果你們想要，我會看在大家是老交情的份上，盡量給你們留點。」吉諾接著說。

雖然客戶們還是有點猶豫，但是看著吉諾房間裡的貨物漸漸被搬空，客戶們終於沉不住氣了，紛紛要求訂貨。不到一天時間，這批罐頭就被搶購一空了。

吉諾沒有用通常的對積貨採取薄利多銷的促銷手段，而是透過對買家只看賣點、只求利益心態的分析，掃除了他們因為「口感差，會影響銷量」的顧慮。經過一番遊說和造勢，客戶們自然就放心訂貨了。

銷售攻心術

銷售人員要消除客戶的顧慮心理，首先就是要向他們保證，他們所做的購買決定是非常明智和正確的，絕對是物超所值。這樣就可以恢復客戶們對產品的信任，解除了後顧之憂，就可以順利的實現銷售。

3．為客戶服務，為客戶增值

聯邦快遞是高度重視服務品質的全球快遞公司。這是一家龐大的快遞企業，每天把分佈在全世界200多個國家和地區客戶的貨物，在時間、地點、種類各方面都準確無誤地送達到客戶手中。

聯邦快遞把顧客作為企業一切經營活動的核心，根據顧客的需求開發新的服務項目，創造條件方便顧客，維護顧客利益，為顧客提供全方位的服務，以積極的方式滿足顧客的需求，建立基於共同利益之上的新型企業、顧客關係。我們從以下幾個方面來分析聯邦快遞是如何實現這些服務、並為客戶增值的：

（1）主打「快捷、可靠、方便」

「快捷、可靠、方便」是聯邦快遞公司行銷模式的生命線。聯邦快遞始終堅持以

「快」字取勝，西方企業界稱公司領導人史密斯是「與時間競賽的人」。為了確保重量在70磅以下的包裹保證隔日送到，聯邦快遞建立了一個類似於銀行清算系統一樣運作的配送體系，並制定了各種操作的時間量化標準。

這樣周密的服務流程和態度，使得該公司的服務水準超前於幾乎所有的同類型服務公司，也因此而獲得了眾多客戶的青睞和推崇。

（2）創造市場需求

弗雷德．史密斯是一個善於捕捉機會的人，他往往在別人還沒有察覺到苗頭的時候看出商機。比如，聯邦快遞充分發揮在全球擁有物流網路的優勢，開展隔夜速遞業務，幫助客戶拓展國際新市場，從而為客戶節省在新市場建立分撥網或貨倉所要花費的時間、金錢和人力，成為國際化大公司開拓國際新市場所信賴的合作夥伴。

他們沒有一味地等待客戶的需求出現再制定策略去滿足客戶，而是在自己本身的服務之上，挖掘新的能為客戶增值的服務。能夠做到領先於客戶的服務，是賦予企業生命力的最有力的催化劑。

（3）開展網際網路線上服務

聯邦快遞還深知利用高新技術，使其為客戶服務的力量。聯邦快遞有一種百威發運

（POWER SHIP）系統，可以供客戶在網路上下訂單、追蹤包裹、收集資訊和開帳單。公司約三分之二的運輸也都是透過這個系統或者聯邦快遞發運（Fed ExShip）電子運輸系統完成的。2002年，聯邦快遞在其網站上推出了「聯邦快遞網上速遞系統」。透過這個速遞系統，客戶能夠以最有效、最便利的途徑使用聯邦快遞的各種貨運服務。

從心理學上來講，客戶之所以選擇一樣商品或服務，很多時候不僅是需要商品本身，更多的其實是希望透過購買產品和服務而得到解決問題的方式和愉快的感覺。美國市場行銷專家勞特朋提出了4C行銷理論，指出顧客是企業一切經營活動的核心，顧客需求和欲望的滿足是企業生存發展的關鍵所在。因此，在銷售中，應一切以客戶的需求為中心，重視客戶的心理需求，就可以俘獲客戶的心，打開局面，提升客戶對產品和服務的忠誠度。

聯邦快遞可以說將這種理念發揮到了極致：完善的、高效的服務水準，嚴謹的服務標準，想在客戶前面的服務態度，都是鑄就了聯邦快遞霸主地位的關鍵。這是值得所有銷售人員和公司在提供產品和服務時需要學習的地方。

銷售攻心術

在每個方面都使顧客感到絕對滿意，是企業每時每刻都要關注和研究的頭等重要的問題。要做好服務，就要無時無刻尋找各種獨特的方法來滿足或預測顧客的需求，為客戶增值，讓他們獲得愉快的消費體驗。

4．好名聲就會有好生意

生意上的成功，離不開個人修養——保持好名聲，做事勤懇，和每個人都能融洽相處。總之，在做人方面得到了別人的認同，就容易贏得合作，從而在事業上有所建樹。

比如，在與人交往上，注重待人謙和就很重要。中國自古就有「和氣生財」的說法，大家關係好了，才有合作的可能。所謂「和」就是與人為善、相互幫襯。

此外，做生意要講究信用。誠信是一個人的立世之本，是商人發家的秘笈。道理雖然簡單，但是真正能做到的又有幾人呢？精明但不失誠信精神，也有助於維護個人的好名聲，贏得更多合作機會。

企業的信譽和好名聲是企業無形的資本，較高的信譽是企業立足市場求得發展、獲得競爭優勢的法寶，有利於企業降低融資成本、規範商業風險、改善經營管理、提高社會知名度、擴大市場份額。因此塑造企業良好的信譽是每一個企業應注重和著重解決的問題。

產品信譽首先是產品的品質信譽。品質是生存的根本，沒有品質就沒有生存，這不僅危及單一個企業，繼而引發對整個行業的信譽危機。潮商富豪大亨陳克威，是聞名法國的華人企業家。從1976年開始，他和弟弟在巴黎創業。五年後，他們的百貨商場隆重開業了。

陳克威有個習慣，每天上午都要到商場巡視一遍。有一次，一位法國婦女從店裡買了商品離開，剛走出店門，塑膠袋破了，裡面的東西都掉在地上，其中的一瓶香油也摔碎了。

這一切，都被陳克威看在眼裡。他急忙跑過去，幫助法國婦女把東西撿起來，並帶著她到商場裡，重新換了一瓶香油，換了一個結實的袋子。最後，對方充滿感激地離開了。

當時，法國婦女已經走出了商場，貨物受到損失，商場不必承擔責任，任何人都不會有異議。但是，陳克威卻做出了上面的舉動，並對大家說：「一瓶油不算什麼，但是做生意要講究誠信，我們要維護商場的信譽，讓顧客喜歡到我們這裡購買商品。如果那名顧客不開心地離開，也許她以後再也不會來這裡了。」

今天，陳氏兄弟公司已經成為法國華人企業的翹楚，陳克威的成功秘訣就是誠信經營，堅持「為顧客需要著想」，維護企業聲譽。

精明且誠信，就沒有做不成的生意，沒有做不大的買賣。許多商人從「誠信」那裡得到了很大的好處，許多富豪的發家史就是一部誠信史。如果沒有誠信，他們絕對不可能成功。

日本本田汽車曾經打出了這樣的廣告：本田每賣出一輛車，就會在京都的路上多栽一棵綠樹。從廣告打出以後，人們驚喜地發現路上的樹一天比一天多起來，心情變得很好的人們，看到了本田汽車的社會責任感。既然都是買車，為什麼不選擇買一輛還能為社會順便做貢獻的車呢？

一位商界成功人士說過：「先做人，後做事，做人做好了附帶著就把事情做好了。」無論從事什麼工作，做人都是基礎，是根本、是關鍵，要想把事情做好，首先必須把人做好了，時刻維護自己的名聲。

銷售攻心術

任何一個有志把生意做大的商人，都有自己的商業夢想。但是，你的企業能夠發展到多大規模，生意能夠做到什麼程度，在很大程度上取決於你的基本素養。信用好的商人，即使破產了，也會得到他人的幫助，很快東山再起，這就是好名聲的價值。

5．讓客戶感覺你是他永遠的朋友

銷售人員常常被客戶抱怨「接了訂單之後，就未再見到你的蹤影，就連一個電話也捨不得打，未免太無情了吧！」

事實上，有許多銷售人員接完訂單後就消失得無影無蹤，到了要推銷生意時，又如客戶公司的職員，每天都去報到，這種銷售人員是不合格的，是會遭人排斥的。至少平常打通電話拜訪、問候，不但能增進雙方的感情交流，這也是連接下一筆訂單或是獲得新情報的最好時機。

生意談妥之後，銷售人員往往因鬆了一大口氣而忽略了下面的工作，倘若準備只做一次生意的客戶，這種作法還沒有問題，如果想保住長期往來的客戶，第二步工作做不好，常常在接了一張訂單後，就像斷了線的風箏，不知去向。

對於有出貨期限以及分批出貨的商品，銷售人員亦應與公司各有關部門保持緊密聯繫，追蹤工作進行的狀況，這樣才能避免造成雙方的摩擦與對商品的抱怨。銷售人員無論什麼時候都要向客戶負責到底。

過去銷售人員在拜訪客戶時，喜歡帶上一份禮盒（伴手禮），但如今的銷售人員已有所改變，他們認為最佳的禮品是「最新、最有價值的情報」，這些情報最能讓客戶感到欣悅。

食品界的價格競爭是格外的激烈，他們銷售的對象包含了一般餐廳、飯店、速食店、雜貨店等地方，這些地方的經營者，見到銷售人員的第一句話就是商品能否打折，慢慢地，銷售人員與客戶交談的話題，也就集中在價格的問題上。

喬·吉拉德最喜歡的一種方式就是與他的顧客保持經常性的通信聯絡。他總是希望顧客們在成交之後不要忘了自己，所以制定了一項寫信計畫。

事實上，確實有人這樣講過：「當你從喬手中買下一輛車之後，你必須要出國才能『擺脫』他。」不管這句話的真實意思是什麼，喬·吉拉德時時把它看作一句恭維話。

每個月，喬·吉拉德都要給他所有的顧客每人寄出一封信，這些信都裝在普通信封裡，信封的顏色和大小經常變化，這樣就沒有人知道裡面是什麼內容。喬·吉拉德還留心不讓這些信看起來像郵寄廣告宣傳品，以避免還未拆開就被顧客扔進垃圾桶裡。他還會隨信附上一張卡片，卡片的表面一律寫上「我愛你。」但是在卡片的裡面，每月都更換新的內容。比如，一月是「喬祝您新年快樂！」；二月是「情人節快樂！」如此這般一直寫到第二年一月。

根據經驗，喬·吉拉德從來不在每月的1號和15號發出這些信，因為這兩天正是大多數人需要繳納各種日常費用的日子。他希望顧客收到信時能有一種好心情。

一位父親下班回家後所做的第一件事一般是吻一吻他的妻子，然後會問到兩個問題，第一個問題是：「今天孩子們怎麼樣？」第二個問題是：「今天有我的信件嗎？」

當他拆開喬·吉拉德的信件時他的孩子們就會叫起來：「爸爸，您又收到一封喬先生寄來的信！」所以，由此看出他們全家人都參與其中，他們喜歡這些卡片。喬·吉拉德每年都以非常愉快的方式，讓喬的名字在顧客家中出現12次。

在喬·吉拉德推銷生涯的後期，他每月要寄出14000張卡片，也就是說每年要寄出168000張。喬·吉拉德為什麼要這樣做呢？他只想告訴他的顧客一件事，那就是他喜歡他們。那麼，喬·吉拉德這樣做又值不值得呢？相信你知道答案。這些信件極大地保證了他每年所有交易的65%都來自於那些老主顧的再度合作。

曾有銷售人員問喬．吉拉德，一張卡片到底能有多大作用，喬說他也不知道。我們沒辦法瞭解到單張卡片能對某一個人產生多大的影響，但當你立刻給顧客回電話表示良好祝福時，當你及時提供顧客所要求的產品資料時，或者當你給一位新顧客寄出一封感謝信時，你又怎麼能精確地量化出這些小事的價值呢？

這些行為本身並不能帶來多大變化，畢竟，沒有人會因為自己收到一張生日卡片就跑去光顧幾千美元的生意。但是，這些細微的、考慮周到的作法長期堅持下去，在總體上一定能夠影響你的顧客並給你的生意帶來顯著的變化。

銷售攻心術

對於銷售人員而言，有價值的資訊是有力的武器，平常雖無法談成生意，但在不斷的電話拜訪、問候，並提供一些有價值的資訊下，只要有機會，生意總是會上門的。客戶總是喜歡受人歡迎的銷售人員，不妨在接受訂單之後，再來一通感謝的電話吧！

6．客戶的抱怨總是對的

生意上總會遇到各式各樣的客戶，有的要求嚴格，有的比較隨和。比如說某個人訂購了一批東西，並要求早些送貨。於是銷售人員回答說：「好的，馬上給您送去。」但到了第二天，可能因突來的急事，而忽略了送貨這件事。只好把別人訂的東西又拖延一天，這是常有的事。

這種情形，雖然對方無可奈何，但仍能體諒，就讓它拖延上一天。但也有的客戶並不這麼想，並且還再三催促：「上次訂購的東西馬上送來！」

「正想明天送去。」

「不行。明天來不及了，今天馬上送來！」

「可是今天沒辦法。」

「想辦法送來，我們急著要用。」

像這樣再三催促，也只好特別為他送去。

只要一有訂購，就該馬上送達。這是必須銘記在心的。不管是什麼方式的訂購，都要做快速的處理，並且設想對方等待的心情。對於任何訂購，都應機警地準時送達，才能維持商譽信用，也才能使生意愈做愈大。

總之，在嚴格的要求下，才會有進步，這實在要感謝那些要求嚴格的客戶。

由於長時期擔任社長及會長的職務，松下幸之助常常會接到客戶寄來的信件。這些信件有的是褒獎，但大多數是指責和抱怨。他對於讚美的信固然感激，但對於抱怨的意見，也同樣接納。

舉個例子來說，某位大學教授曾給松下一封信，抱怨他們學校從松下公司購買的產品發生故障。松下立刻請一位負責此事的高級職員去處理這件事。

起先，對方因為東西故障顯得不太高興。但這位負責人以誠心誠意的態度解釋，並做適當的處理。結果不但令客戶感到很滿意，同時還好意地告訴這位負責人如何到其他學校去銷售。像這樣以誠意的態度去處理客戶的抱怨，反而獲得了一個做生意的機會。所以，松下幸之助實在非常感謝曾對他們抱怨的客戶。

他認為：藉著客戶的抱怨，使我們得以與客戶之間建立起另一種新的關係。而不把抱怨說出來的人，很可能只說句「再也不買那家的東西了」，就沒有下文了。但是只要向我們表示不滿的人，即使想說「再也不買了」，一看到我們的人到他那裡，他便會說「專程到這裡來的啊」，這句話足以表示他已領受到我們的誠意。所以，由於處理某件抱怨的事而獲得另一種新關係的例子是很多的。

當然，如果接到斥責的信，而馬馬虎虎地去處理，那就很可能從此失去一個客戶的機會，因此，必須慎重地處理，找出客戶不滿的原因，誠心誠意地去為客戶服務。

把抱怨當作是另一個機會的開始，這比不在意抱怨要重要得多。只要你能切實地把握時機，那麼每當抱怨發生的時候，你就可以加以疏導，這對你是很有益的。所有不滿事件的發生，並不都是客戶的錯誤，他的不滿可能完全是有理由的。在推銷工作中有一句老話：「客戶永遠是對的。」這句話在這裡也是適用的。如果客戶不滿的表示是對的，那麼你就不要再強詞奪理地去證明他是錯的了，你應該自行改正錯誤，自行更換一些的確能對客戶有所裨益的貨品。

全世界的推銷經驗都證明，新生意的來源幾乎全來自老顧客。幾乎每一種類型的生意都是如此。假如買了一部新車，就會常覺得自己是「次」代理商。因為你對新車的熱情，你會跟鄰居、朋友及相關的人不斷提買車的事，結果成了車商的最佳發言人。

銷售攻心術

抱怨有時也常能轉變成為一種促進友誼的方法。抱怨產生後，你要立即設法補救，要與客戶保持密切的聯繫，要讓客戶知道一切進展的情形。當貨品寄出時，應立即以電話或以書信通知客戶。他們是喜歡這種關切態度的，他們不會忘記任何一個對他熱心幫助的銷售人員的。

7．優良的服務是最佳廣告

在許多銷售人員的經驗中，優良的服務就是優良的推銷。要想與優秀的銷售人員競爭，就應多關心你的顧客，讓他感到賓至如歸的感覺。銷售人員應該建立一種信心，讓客戶永遠不能忘掉你的名字，你也不應忘記顧客的名字。你應確信，他會再次光臨，他也會介紹他的同事或朋友來。能使這一切發生的方法只有一個，就是你必須為顧客提供優質服務。

銷售人員坎多爾弗不僅在推銷過程中提供優質服務，在售後還會做一些額外的服務，他說：「有個好主意可使你在售後繼續提供優質服務，那就是在成交後著手給客戶寫上幾句什麼，或是打個電話。」

坎多爾弗總是堅持售後給顧客寫上幾句，他是怎樣寫的呢？我們擇一例來看看：

親愛的約翰：

恭賀您今天下午做出決定，加入人壽保險。這當然是建立良好的長期理財計畫的重要一步。我希望我們的會見是我們長期友好關係的開端，再次對您的訂單表示感謝，並祝您萬事如意。

您的忠誠朋友　坎多爾弗

「如果不與你的顧客保持聯繫，你就不可能為其提供優質服務。」坎多爾弗在其推銷生涯中，自始至終都牢記著這一信條，可以說這是他成功的關鍵所在。

一位商人去巴黎洽談業務，下榻在著名的麗池飯店。當他一下計程車，替他開門的迎賓員把車門關上，然後立即把車號記了下來。

他感到很奇怪，就問大廳經理這是為什麼。

「巴黎有幾萬輛計程車。如果客人丟了東西在車上，我們就知道應該去找誰。」經理說，「同時，我們還記下客人有幾件行李。如果客人說行李數目不對，我們就知道究竟是在飯店裡放錯了地方，還是遺失在機場了。」這樣細心為客戶著想的服務態度實在是令人驚訝。

關於這個飯店的逸事還有很多。

1991年12月的一天，晚上11點的時候，有個客人打電話，要飯店給他提供一架鋼琴。半小時之後，客人在自己的房間裡開始彈琴。

幾天之後，有一位阿拉伯國家的客人說，他在巴黎買了一架吹風機，吹風機的說明書上有好幾種語言，就是沒有阿拉伯語。客人第二天就要回國。結果，經理為他找了一個翻譯，第二天早上8點，經理把列印好的譯文放在了客人的辦公桌上。

1992年3月的一天夜晚，一位客人要求把他的50套衣服和80件襯衫在第二天早上全部洗好熨好。結果，洗衣工沒有一個人有任何抱怨之詞。經理說：「那是他們的本職工作。」

滿足客戶的一切合理要求，就是銷售人員的本職工作。

這樣的故事還有很多。有一位管酒的酒侍，派自己的助手去波蘭取回幾瓶1869年釀造的伊坤葡萄酒。在回巴黎的火車上，為了讓酒避免過度搖晃，這位助手一直用雙臂抱著酒瓶。

最神奇的是，麗池飯店的餐廳在1925年時雇用了一位侍者，他為客人服務了25年之後退休，他一向是個模範侍者。這25年的時間裡，他是個全聾的人。他聽不到客人說他要什麼，他總是猜客人需要什麼。通常的情況是，客人還沒有說什麼，他就把客人要的東西端了上來。

金杯銀盃，比不上顧客的口碑。優質的服務和品質，能夠讓顧客或客戶成為產品推銷員，遠遠勝過自己苦口婆心的說辭。因此，在銷售的整個過程中，銷售人員必須把重視服務，提升服務品質，讓客戶滿意，贏得更多回頭客。

銷售攻心術

有些目光短淺的人認為服務是一種代價高昂的時間浪費，就像贏了還是繼續賭一樣，這種觀點是完全錯誤的。因為我們必須正視這樣的事實：服務品質是區分一家公司與另一家公司、這位銷售人員與那位銷售人員、這件產品與那件產品的唯一因素，在高度競爭的市場經濟體制下，沒有一種產品會遠遠超過競爭對手，但是，優質服務卻可區分兩家企業。一旦你確實為顧客提供了優質服務，無疑你就會成為令人羨慕的少數推銷員中的一員，你比你的競爭對手更具優勢。

8．在服務細節上下足功夫

今天，是一個以細節服務制勝的時代。以細節服務取勝的經營之法已經深入到商業的各個環節。例如：客人吃完螃蟹後，滾燙的薑茶便端送到手；商場在晚上關門前會放送輕柔的音樂，讓客人在薩克斯風的情調中把輕鬆帶回家……

產品和服務上微小的細節差異，有時會放大到整個市場上變成巨大的占有率差別。一個公司在產品或服務上有某種細節上的改進，也許只給用戶增加了1％的方便，然而在市場占有的比例上，這1％的細節會引出幾倍的市場差別。

原因很簡單，當使用者對兩個產品做比較之時，相同的功能都被抵消了，對決策起作用的就是那1％的細節。對於用戶的購買選擇來講，是1％的細節優勢決定那100％的購買行為。因此，微小的細節差距往往是市場占有率的決定因素。

日本橫濱有一家名叫「有馬食堂」的餐館，這裡生意興隆，吸引了許多帶著小孩用餐的顧客。原來，餐館負責人發現，父母帶著孩子用餐時，常常因為孩子的衣服被飯菜沾汙而狼狽不堪，一些夫婦甚至為此爭吵起來。針對這一情況，有馬食堂為那些前來用餐的「小顧客」提供紙製圍兜，解決了父母的顧慮和煩惱。這種體貼周到的服務和心意，贏得了顧客的心，所以生意日益興旺。

提供紙製圍兜，顯然是「有馬食堂」額外的付出，然而這種關心顧客的舉措觸動了人心，所以大家都很願意來捧場。因此，在商業活動中，想對方之所想、提供滿意周到的服務，是聚斂人氣、財源滾滾來的前提和保證。

20世紀後半葉，伴隨著資訊技術進步，一場從產品到服務的管理變革開始了。有了好產品不一定能占領市場、獲取利潤，周到的服務越來越重要。在這一背景下，藍色巨人IBM提出了「以技術為核心，以服務為包裝」的管理理念。自20世紀90年代以來，IBM用服務打天下，以最接近顧客的方式解決問題，獲得了巨大成功。美國著名管理研究專家湯姆·彼得斯在《解放管理》一書中評價IBM：「是機器被濫用時代的一顆服務明星」。

可以毫不誇張的說，現在的市場競爭已經進入到細節服務制勝的時代。不論是從公司的內部管理，還是外部的客戶服務，細節服務問題都會關係到企業的前途和盈利水準。而有的企業始終無法打開市場的大門，從根本上說是在細節服務上做得不夠，由此吃了虧。這主要表現在：

（1）劣質服務冒犯了客戶

劣質服務與客戶需求相違背，將會導致客戶強烈的不滿，這種不滿會衍生出挫折情緒，將在一定程度上影響客戶生活的幸福水準。這可以說在銷售過程中，劣質服務是加諸於客戶的一種犯罪。這是一種嚴重的冒犯，將以失去客戶的信任和忠誠為代價，是商家最不可取的一種行為。

（2）劣質服務損害了公司利益

我們常說，「無功便是過」。而在服務上，我們可以概括這樣一個命題：「不提供優質服務也是對公司犯罪。」任何個人在服務中的失誤，都將會造成一連串的不良反應：客戶會對公司心存不滿，不願再來這裡消費，同時也會對別人抱怨，造成更多的人對公司的惡劣印象。這種嚴重後果已經不是透過解決一位客戶的問題就能克服的，會對企業的整體印象影響深遠。

銷售、經營的成功與否，有戰略決策方面的原因，但更在於決策後面的小事情是否做的足夠好，是否能把這些決策真正細化、推行下去。國內很多公司都熱衷於做大事情、規劃大戰略、揮寫大手筆，看起來很宏觀，但戰略做了一大堆，後來呢？沒有人耐心地去細化、去落實，大戰略也就不了了之。縱觀那些取得成功的公司，都是在細節的比拚上下過很大功夫的。

9．打造一支高效的服務團隊

為一名顧客真誠服務，你就會得到一百名顧客，而且又會從這一百名顧客中吸引更多的顧客，他們都是因為你的優質服務才來的。

商家要想給顧客提供最棒的服務，就需要打造一支高效的服務團隊。為此，以下三方面是商家在實現高效服務時需要做到的：

（1）挑選一批高效的服務人員

把制定方案的權力下放給服務人員，並透過對他們的培訓和相應的激勵措施，讓你所挑選的服務人員明白，這項工作能帶給他們成就感和相應的物質回報。

你所挑選的服務人員必須具備取得良好工作業績所必需的基本素質，如友好、熱情、誠懇等，並能針對不同的客戶採取不同的銷售策略。簡單地說，就是他必須具備能打動客戶的基本素質。

（2）對服務人員進行有效的培訓

挑選最佳的服務人員，並透過相應的激勵措施和恰當的組織活動，幫助他們學習和運用你所能提供給他們的最佳培訓。培養這些人良好的、受歡迎的說話方式和談吐魅力，要讓他們學會如何激起客戶的談話欲望，並可以用具體、生動的語言說服人。

此外，還要善於迎合顧客的口味說話，把握客戶的消費心理，能耐心聽取顧客的意見，並解決銷售中可能遇到的問題。只有能與不同性格的客戶打交道的服務人員，才是優秀的。並且，要時刻向他們灌輸「顧客至上」的理念，讓他們從內心真正接受「能為客戶貢獻一切力量」的想法。

有了這些稱職的服務人員，會從市場上牢牢抓住你的客戶，為你賺得盆滿缽滿。

（3）激發服務人員的工作積極性

讓你的員工明白，要獲得真正的高薪，唯一的途徑是他們必須極大地滿足客戶的各種需要。建立一個以客戶為中心的薪資計量系統，但這並不意味著要犧牲品質去追求片面的數量。公司每一員工（包括經營管理層和服務人員）的薪資都直接建立在客戶滿意度上，與客戶滿意水準直接關連。

這樣，可以將個人的服務態度與自身發展結合起來，讓最好的服務成為員工們為之奮鬥不息的一份事業。有了事業心，就有了不斷向上和完善自身的動力。

每個人都有自己的喜好，而這種喜好往往又希望得到別人的讚賞和認同，這是顧客常見消費心理。提供優質服務，就要成為客戶心理專家。客戶選擇商品，其實就是選擇能與自己產生共鳴的產品；而服務人員與客戶溝通，也是在運用心理共鳴來取得客戶的信任和愉快經驗。切記，服務顧客的過程就是與顧客溝通的過程，沒有溝通，就沒有合作，也沒有和諧的顧客關係，那麼業績、效益、市場就無從談起。服務人員一定要在與客戶溝通中，恰當地運用溝通技巧和表達藝術。掌握這些技巧才可以與客戶建立和諧、融洽的關係，才能體驗出企業服務的專業性，才能贏得客戶的信任。

銷售攻心術

樹立「客戶第一」的觀念首先必須從企業的高層至下層延伸下去，真正樹立起「客戶第一」的經營觀念。作為銷售人員，要學會與不同的顧客打交道，時刻準備提供最周到的服務，任何細節也不放過。只有這樣，才能拉近與顧客的距離，讓顧客接受我們的產品。

10．改進服務的九大秘訣

任何企業想要在競爭激烈的市場中取勝，那麼在客戶服務上，就必須堅持的一個原則是：沒有最好，只有更好。想獲得別人的支持，就要先去替別人著想，對別人做出力所能及的支持。這對於企業來說也是一樣。完善周到的服務，讓顧客感受到愉快的消費體驗，賓至如歸，就需要企業在服務上持續改進，抓住客戶的心。

下面是改進客戶服務的九大秘訣，希望可以為企業提供借鑑。

（1）全公司上下，人人都應對客戶的感覺負有責任，即使是停車場的服務也不例外。也就是說，為客戶服務是所有團隊成員的職責所在，而不只是普通員工的工作內容。

（2）開設能開發員工「待人」技巧的課程，以增進員工人際溝通的能力。工作人員必須有強烈的服務意識和服務本領，才能使客戶滿意。

（3）制定徵聘的標準。不要忽略員工活潑外向的個性以及對零售業滿懷熱情的重要性，畢竟這是以人為重的產業，需要員工的積極投入。

（4）體貼員工在家庭及休假生活方面的需要。連續忙碌了10個小時的員工，絕不可能在面對客戶時仍然保持著愉快的心情。

（5）給員工適當的資訊與指令。客戶服務既是每個員工核心的工作內容，也是整個企業系統協作的目標。企業必須建立一套服務系統，必要的時候給具體員工發佈緊急指令，服務好特定的客戶群體。

（6）訓練計畫的重點應由銷售技巧轉變為瞭解商品的知識。對現代客戶而言，哪一類營業員比較具有吸引力？是滿嘴奉承卻對產品一無所知的營業員，還是安靜聆聽客戶疑問，詳細說明產品特性的營業員。當然，活潑、大方的性格也是必要的吸引顧客手段。

（7）系統地記錄員工的表現，並以此作為升遷或加薪的標準。把員工的客戶服務水準與績效考核結合起來，並在薪酬上加以體現，就能讓服務的種子落在員工心裡。

（8）盡量少雇用臨時幫手。只給臨時員工半天的訓練，然後便讓他們匆忙上陣，到各部門應急，絕不可能有良好的客戶服務。要知道一丁點的服務不周或者失誤，都會影響客戶的消費享受，得不償失。

（9）認識到好的員工無可替代。這一點不論是對擁有多家分店的大百貨公司還是對郵購公司來說，都是永遠不變的法則。好的員工難以尋覓，但只要能招聘到他們，富於創意的行銷技巧就會隨之而來。

銷售攻心術

許多企業缺少應有的服務意識，或者對服務的理解不夠深刻。這是因為在市場發育的早期，利潤空間很大，只要人們膽大、有想法，就可以發財，不需要在服務上下功夫。但隨著經濟的發展、社會產品的極大豐富和人民生活水準的提高，人們對生活品質的要求越來越高，對產品的服務品質要求也越來越高。這種對服務的高要求，落實到實踐中就是公司成功的跳板。

文經書海

06	另類歷史-教科書隱藏的五千年	秦漢唐	定價：240元
07	新世紀洪門	刁 平	定價：280元
08	做個得人疼的女人	趙雅鈞	定價：190元
09	做最好的女人	江 芸	定價：190元
10	卡耐基夫人教你作魅力的女人	韓 冰	定價：220元
11	投日十大巨奸大結局	化 夷	定價：240元
12	民國十大地方王大結局	化 夷	定價：260元
13	才華洋溢的昏君	夏春芬	定價：180元
14	做人還是厚道點	鄭 鴻	定價：240元
15	泡茶品三國	秦漢唐	定價：240元
16	生命中一定要嘗試的43件事	鄭 鴻	定價：240元
17	中國古代經典寓言故事	秦漢唐	定價：200元
18	直銷寓言	鄭 鴻	定價：200元
19	直銷致富	鄭 鴻	定價：230元
20	金融巨鱷--索羅斯的投資鬼點子	鄭 鴻	定價：200元
21	定位自己—千萬別把自己當個神	鄭正鴻	定價：230元
22	當代經濟大師的三堂課	吳冠華	定價：290元
23	老二的智慧--歷代開國功臣--	劉 博	定價：260元
24	人生戒律81	魏 龍	定價：220元
25	動物情歌	李世敏	定價：280元
26	歷史上最值得玩味的100句妙語	耿文國	定價：220元
27	正思維PK負思維	趙秀軍	定價：220元
28	從一無所有到最富有	黃 欽	定價：200元
29	孔子與弟子的故事	汪 林	定價：190元
30	小毛病大改造	石向前	定價：220元
31	100個故事100個哲理	商金龍	定價：220元
32	李嘉誠致富9大忠告	王井豔	定價：220元
33	銷售的智慧	趙秀軍	定價：220元
34	你值多少錢？	朱 彤	定價：220元
35	投資大師華倫巴菲特的智慧	隋曉明	定價：240元
36	電腦鉅子比爾蓋茲的智慧	隋曉明	定價：240元
37	世界十大股神	白亮明	定價：249元

38	智謀--中國歷代智庫全集	耿文國	定價：240元
39	有一種堅持叫自信	魏一龍	定價：200元
40	多大度量成多大事	魏一龍	定價：230元
41	黃埔精神--黃埔精神與現代企業管理	劉志軍	定價：200元
42	理財改變你的一生	喬飛雲	定價：240元
43	低調--有一種境界叫彎曲	石向前	定價：240元
44	如何找份好工作	耿文國	定價：240元
45	李嘉誠50年經商哲學	耿文國	定價：280元
46	破壞感情的45句蠢話	婷婷	定價：240元
47	赤壁之戰	張雲風	定價：299元
48	選擇放下，選擇一份淡定從容	秦漢唐	定價：210元
49	謝謝的力量	陶 濤	定價：240元
50	日本人憑什麼	周興旺	定價：280元
51	一句話一輩子一生行	郭達豐	定價：210元
52	匯率戰爭	王 暘	定價：280元
53	改變世界的一句話	張建鵬	定價：220元
54	哈佛校訓給大學生的24個啓示	郭亞維	定價：280元
55	台灣十大企業家創富傳奇	王擁軍	定價：280元
56	香港十大企業家創富傳奇	穆志濱 柴娜	定價：280元
57	最神奇的經濟學定律	黃曉林黃夢溪	定價：280元
58	最神奇的心理學定律	黃 薇	定價：320元
59	18歲前就該讀哈佛人生哲理	王愛民	定價：240元
60	魅力經濟學	強宏	定價：300元
61	世界與中國大趨勢	楊雲鵬	定價：420元
62	看故事學投資	聶小晴	定價：240元
63	精明的浙江人可怕的溫州人	田媛媛	定價：280元
64	賈伯斯的創新課，比爾蓋茲的成功課	朱娜 喬麥	定價：380元
65	改變自己影響世界的一句話	楊雲鵬	定價：280元
66	西點軍校36菁英法則	楊雲鵬	定價：320元
67	劍橋倚天屠龍史	新垣平	定價：300元
68	王陽明的人生64個感悟	秦漢唐	定價：240元
69	華人首富李嘉誠致富心路	姜波	定價：270元
70	億萬富豪給子女的一生忠告	洛克菲勒等	定價：280元

71	天下潮商--東方猶太人財富傳奇	王擁軍	定價： 280元
72	看懂世界金融	田媛媛	定價：280元
73	那些年我們曾熟悉的情詩情事	秦漢唐	定價：240元
74	簡明美國史	趙智	定價：420元
75	一本書讀懂日本史	王光波	定價：320元

職場生活

01	公司就是我的家	王寶瑩	定價：240元
02	改變一生的156個小習慣	憨氏	定價：230元
03	職場新人教戰手冊	魏一龍	定價：240元
04	面試聖經	Rock Forward	定價：350元
05	世界頂級CEO的商道智慧	葉光森 劉紅強	定價：280元
06	在公司這些事，沒有人會教你	魏成晉	定價：230元
07	上學時不知，畢業後要懂	賈 宇	定價：260元
08	在公司這樣做討人喜歡	大川修一	定價：250元
09	一流人絕不做二流事	陳宏威	定價：260元
10	聰明女孩的職場聖經	李娜	定價： 220元
11	像貓一樣生活，像狗一樣工作	任悅	定價：320元
12	小業務創大財富—直銷致富	鄭鴻	定價：240元
13	跑業務的第一本Sales Key	趙建國	定價：240元
14	直銷寓言--激勵自己再次奮發的寓言故事	鄭鴻	定價：240元
15	日本經營之神松下幸之助的經營智慧	大川修一	定價：220元
16	世界推銷大師實戰實錄	大川修一	定價：240元
17	上班那檔事--職場中的讀心術	劉鵬飛	定價：280元
18	一切成功始於銷售	鄭鴻	定價：240元
19	職來職往--如何找份好工作	耿文國	定價：250元
20	世界上最偉大的推銷員	曼尼斯	定價：240元
21	畢業5年決定你一生的成敗	賈司丁	定價：260元
22	我富有，因爲我這麼做	張俊杰	定價：260元
23	搞定自己 搞定別人	張家名	定價：260元
24	銷售攻心術	王擁軍	定價：220元
25	給大學生的10項建議：祖克柏創業心得分享	張樂	定價：300元
26	給菁英的24堂心理課	李娜	定價：280元

身心靈成長

01	心靈導師帶來的36堂靈性覺醒課	姜波	定價：300元
02	內向革命-心靈導師A.H.阿瑪斯的心靈語錄	姜波	定價：280元
03	生死講座——與智者一起聊生死	姜波	定價：280元
04	圓滿人生不等待	姜波	定價：240元
05	看得開放得下——本煥長老最後的啓示	淨因	定價：300元
06	安頓身心--喚醒內心最美好的感覺	麥克羅	定價：280元

典藏中國：

01	三國志--限量精裝版	秦漢唐	定價：199元
02	三十六計--限量精裝版	秦漢唐	定價：199元
03	資治通鑑的故事--限量精裝版	秦漢唐	定價：249元
04-1	史記的故事	秦漢唐	定價：250元
05	大話孫子兵法--中國第一智慧書	黃樸民	定價：249元
06	速讀二十四史--上下	汪高鑫李傳印	定價：720元
08	速讀資治通鑑	汪高鑫李傳印	定價：380元
09	速讀中國古代文學名著	汪龍麟主編	定價：450元
10	速讀世界文學名著	楊坤　主編	定價：380元
11	易經的人生64個感悟	魯衛賓	定價：280元
12	心經心得	曾琦雲	定價：280元
13	淺讀《金剛經》	夏春芬	定價：210元
14	讀《三國演義》悟人生大智慧	王　峰	定價：240元
15	生命的箴言《菜根譚》	秦漢唐	定價：168元
16	讀孔孟老莊悟人生智慧	張永生	定價：220元
17	厚黑學全集【壹】絕處逢生	李宗吾	定價：300元
18	厚黑學全集【貳】舌燦蓮花	李宗吾	定價：300元
19	論語的人生64個感悟	馮麗莎	定價：280元
20	老子的人生64個感悟	馮麗莎	定價：280元
21	讀墨學法家悟人生智慧	張永生	定價：220元
22	左傳的故事	秦漢唐	定價：240元
23	歷代經典絕句三百首	張曉清 張笑吟	定價：260元
24	商用生活版《現代36計》	耿文國	定價：240元
25	禪話•禪音•禪心禪宗經典智慧故事全集	李偉楠	定價：280元

26	老子看破沒有說破的智慧	麥迪	定價：320元
27	莊子看破沒有說破的智慧	吳金衛	定價：320元
28	菜根譚看破沒有說破的智慧	吳金衛	定價：320元
29	孫子看破沒有說破的智慧	吳金衛	定價：320元
30	小沙彌說解《心經》	禾慧居士	定價：250元
31	每天讀點《道德經》	王福振	定價：320元
32	推背圖和燒餅歌裡的歷史	邢群麟	定價：360元
33	易經：現代生活的智慧	孫三寶	定價：280元
34	《傳習錄》白話本	姜波	定價：330元
35	《史記》故事導讀	姜波	定價：340元
36	《資治通鑑》故事導讀	姜波	定價：300元
37	厚黑學全集【參】厚黑心術	李宗吾	定價：300元
38	《碧巖錄》中的100大智慧	于水音	定價：280元
39	入骨相思知不知—醉倒在中國古代情詩裡	維小詞	定價：300元
40	厚黑學全集【肆】厚黑之道	李宗吾	定價：320元
41	一本書讀懂戰國史	秦漢唐	定價：420元

人物中國：

01	解密商豪胡雪巖《五字商訓》	侯書森	定價：220元
02	睜眼看曹操-雙面曹操的陰陽謀略	長　浩	定價：220元
03	第一大貪官-和珅傳奇（精裝）	王輝盛珂	定價：249元
04	撼動歷史的女中豪傑	秦漢唐	定價：220元
05	睜眼看慈禧	李　傲	定價：240元
06	睜眼看雍正	李　傲	定價：240元
07	睜眼看秦皇	李　傲	定價：240元
08	風流倜儻-蘇東坡	門冀華	定價：200元
09	機智詼諧大學士-紀曉嵐	郭力行	定價：200元
10	貞觀之治-唐太宗之王者之道	黃錦波	定價：220元
11	傾聽大師李叔同	梁　靜	定價：240元
12	品中國古代帥哥	頤　程	定價：240元
13	禪讓--中國歷史上的一種權力遊戲	張　程	定價：240元
14	商賈豪俠胡雪巖(精裝)	秦漢唐	定價：169元
15	歷代后妃宮闈傳奇	秦漢唐	定價：260元
16	歷代后妃權力之爭	秦漢唐	定價：220元
17	大明叛降吳三桂	鳳　娟	定價：220元

18	鐵膽英雄一趙子龍	戴宗立	定價：260元
19	一代天驕成吉思汗	郝鳳娟	定價：230元
20	弘一大師李叔同的後半生-精裝	王湜華	定價：450元
21	末代皇帝溥儀與我	李淑賢口述	定價：280元
22	品關羽	東方誠明	定價：260元
23	明朝一哥 王陽明	呂 崢	定價：280元
24	季羨林的世紀人生	李 琴	定價：260元
25	民國十大奇女子的美麗與哀愁	蕭素均	定價：260元
26	這個宰相不簡單--張居正	逸 鳴	定價：260元
27	六世達賴喇嘛倉央嘉措的情與詩	任倬灝	定價：260元
28	曾國藩經世101智慧	吳金衛	定價：280元
29	魏晉原來是這麼瘋狂	姚勝祥	定價：280元
30	王陽明悟人生大智慧	秦漢唐	定價：280元
31	不同於戲裡說的雍正皇帝	秦漢唐	定價：240元
32	不同於戲裡說的慈禧太后	秦漢唐	定價：240元
34	後宮女人心計	秦漢唐	定價：220元
35	心學大師王陽明	秦漢唐	定價：200元
02	貳 落雁篇--王昭君	張雲風	定價：260元
03	參 閉月篇--貂蟬	張雲風	定價：260元
04	肆 羞花篇--楊貴妃	張雲風	定價：260元

心理學大師講座

01	北大教授講解脫之道	葉 舟	定價：240元
02	北大教授講包容之道	葉 舟	定價：240元
03	北大教授給的24項人緣法則	葉 舟	定價：240元
04	北大教授給的28項快樂法則	葉 舟	定價：240元

商海巨擘

01	台灣首富郭台銘生意經	穆志濱	定價：280元
02	投資大師巴菲特生意經	王寶瑩	定價：280元
03	企業教父柳傳志生意經	王福振	定價：280元
04	華人首富李嘉誠生意經	禾 田	定價：280元
05	贏在中國李開復生意經	喬政輝	定價：280元
06	阿里巴巴馬 雲生意經	林雪花	定價：280元
07	海爾巨人張瑞敏生意經	田 文	定價：280元
08	中國地產大鱷潘石屹生意經	王寶瑩	定價：280元

國家圖書館出版品預行編目資料

銷售攻心術 / 王擁軍 著

一 版.-- 臺北市 :廣達文化, 2013.10

; 公分. -- （文經閣）（職場生活：24）

ISBN 978-957-713-536-0 (平裝)

1.銷售　2.銷售心理學 3.消費心理學

496.5　　102019327

銷售攻心術

榮譽出版：文經閣

叢書別：職場生活 24

作者：王擁軍 著
出版者：廣達文化事業有限公司
Quanta Association Cultural Enterprises Co. Ltd
發行所：臺北市信義區中坡南路 287 號 4 樓
電話：27283588　傳真：27264126　　E-mail：*siraviko@seed.net.tw*

印　刷：卡樂印刷排版公司　　裝　訂：秉成裝訂有限公司

代理行銷：創智文化有限公司
23674 新北市土城區忠承路 89 號 6 樓　電話：02-2268-3489　傳真：02-2269-6560

CVS 代理：美璟文化有限公司
電話：02-27239968　傳真：27239668

一版一刷：2013 年 11 月

定　價：220 元

本書如有倒裝、破損情形請於一週內退換

書山有路勤為徑

學海無崖苦作舟

文經閣

書山有路勤為徑

學海無崖苦作舟